★ 읽다 보면 수학이 재밌어지는 ★

수학자 도감

★ 읽다 보면 수학이 재밌어지는 ★

수학자 도감

혼마루 료 지음 ◆ **김소영** 옮김 ◆ **최경찬** 감수

뜨인돌

프롤로그

『데미안』을 쓴 헤르만 헤세 하면 성장에 대한 날카로운 통찰로 유명하고, 『나는 고양이로소이다』를 쓴 나쓰메 소세키 하면 세련되고 위트 넘치는 글을 남긴 위대한 작가로 알려져 있어. 문학인들은 그들이 쓴 작품에서 삶의 모습을 유추할 수 있고, 현대 문학인들은 TV나 잡지에 일상이 소개되는 일이 많지.

그에 비해 수학자들은 베일에 싸여 있어. 데카르트 좌표 공간이나 오일러 등식($e^{i\pi}+1=0$), 가우스 분포처럼 수학자가 남긴 공식이나 개념에 대해서는 많이 알려져 있지만 그 사람이 어떻게 살았고 어떤 고민을 했으며 가족을 지키기 위해 어떻게 싸웠고 어떤 뼈아픈 실수를 저질렀는지, 그리고 시대나 그 당시의 정치 체제에 어떻게 좌지우지되었는지에 대해선 거의 알려져 있지 않아.

지금은 수학자 하면 대학에서 강의하는 분들을 떠올리기 쉬운데, 불과 200년 전까지만 해도 수학 연구만 해서 밥벌이를 할 수 있는 사람은 많지 않았어. 그 유명한 오일러조차 대학 교수직에 떨어졌고, 천재 수학자 아벨은 죽을 때까지 백수로 살았어.

이 책에 등장하는 '수학자'들은 수학에 매료되어 힘껏 발버둥치며 살았어. 삶이 힘들수록 더 수학에 몰입하고 성과를 냈지. 나는 수학책을 오랫동안 만들어 오면서 수학자들의 숨겨진 진면목을 더 많은 사람들에게 알리고 재미있게 읽을 수 있는 책을 내고 싶었어.

이 책을 통해 수학의 재미를 깨닫고 '수학을 다시 한번 해 볼까'라는 마음이 생기는 사람이 한 명이라도 늘어난다면 더없이 기쁠 거야.

혼마루 료

제 1 장

고대 그리스에서
수학자가 탄생한 이유

으랏차!

수학의 탄생

헤로도토스
(출처: 메트로폴리탄 미술관)

고대 그리스의 역사가로 유명한 헤로도토스(BC 490년경~BC 430년경)는 그의 책 『역사』에서 "이집트는 나일강의 선물"이라고 썼어. 그는 왜 그렇게 말했을까? 바로 해마다 '같은 시기'에 나일강이 범람했기 때문이야. 이런 범람은 영양소가 풍부한 부엽토, 부식토를 이집트 하류 지역에 가득 옮겨 주고, 홍수에 잠겼다가 드러난 땅은 지력이 매우 높아져. 땅의 힘이 좋아져서 농작물이 잘 자랄 가능성이 높아지는 거지. 그렇게 나일강의 범람이 주기적으로 일어났으니 1년 중 며칠 동안 범람하는지를 정확히 알고 싶어졌겠지. 그래서 자연스레 천문학과 달력이 발달했어. 그리고 나일강이 한 번 범람하면 땅의 경계가 모호해져서 어디부터 어디까지가 누구의 땅인지 다툼이 일어났는데, 이를 해결하기 위해 길이와 넓이 등을 정확히 측정하는 측량 기술이나 지식이 필요했지.

이런 상황들 덕분에 이집트에서는 '기하학'이 발달했어. 기하학은 영어로 Geometry(지오메트리)라고 하는데, geo는 토지이고 metry는 측정이니까 기하학은 '토지 측량술'이라는 뜻이야.

이렇게 이집트에서는 나일강 범람 이후 대책을 마련하고자 수학, 그중에서도 기하학이 발달했어. 대략 BC 3000~BC 300년 정도에 걸쳐서, 그러니까 현재로부터 거슬러 올라가면 5000~200년 전에 발달한 이 시대의 수학을 흔히 '이집트 수학'이라고 불러.

그런데 이집트인의 관심은 주로 실용적인 천문학(달력)과 토지 측

옥시링쿠스 파피루스(2세기 초반)

밧줄 길이를
3:4:5로 하니까
직각이 생겼어.

왜 그런지는
모르겠지만….

량에 있었기 때문에 '수학'이라기보다는 '고도의 기술'이라고 부르는 게 더 맞을지도 모르겠어.

이집트 이외에 메소포타미아 지방(현재의 이라크)에서도 기록을 남기기 위해 수학이 발달했어. 메소포타미아는 티그리스강과 유프라테스강 사이에 있는 지역인데, 땅이 비옥하고 기후도 온난하며 동서 교통의 요충지였기 때문에 문명이 꽃을 피웠어. 이집트와 다른 점은 나일강처럼 정기적으로 범람이 일어나지 않았다는 것.

하지만 이집트와 마찬가지로 여기서도 역사에 이름이 남을 만한 수학자는 나타나지 않았어. 이름을 남긴 수학자는 고대 그리스에서 처음 등장했지. 왜일까? 그 이유는 최초의 수학자로 불리는 탈레스를 살펴보면 알 수 있어.

그리고 이집트의 알렉산드리아에서 활약한 그리스계 수학자 중에서 마지막으로 히파티아가 등장하는데, 그녀의 죽음과 함께 그리스 문화를 중심으로 피어올랐던 과학의 불꽃은 사그라들고 아라비아 지역이 다음 중심축이 되었어. 지금부터 최초의 수학자 탈레스를 만나 보자.

메소포타미아 지방

탈레스

수학밖에
모르는 외골수

왜 '최초의 수학자'라 불릴까?

● BC 624~BC 546년경

● **탈레스**

고대 그리스의 밀레토스(현재의 튀르키예) 출신. 그리스 7인의 현자 중 한 사람으로 역사상 가장 오래된 철학자이자 수학자다. 명문 가문에서 태어났지만 정작 자신의 생활에는 무심해서 가난했다고 전해진다.

BC 585년에 일어난 일식을 예측하고 피라미드의 높이를 계산했으며 '원의 지름에 대한 원주각은 90°'라는 자신의 정리를 증명했다. 다양한 분야에서 지성을 발휘한 현자다.

가장 오래된 철학자 탈레스

아리스토텔레스는 "탈레스야말로 철학의 조상"이라고 했어. 또한 영국의 철학자이자 수학자인 버트런드 러셀(1872~1970년)도 "서양의 철학사는 탈레스에서 시작되었다"라고 했지. 왜 탈레스가 철학의 시조일까? 탈레스 이전에는 '세계의 기원'을 신화로 풀이해서 설명했는데, 탈레스는 "만물의 기원은 물이다"라고 주장하며 세계의 기원을 '합리적인 방식'으로 설명했어. 탈레스는 세계가 물에서 생겨나 물로 돌아간다고 생각했지.

그리스 7인의 현자
BC 620~BC 550년에 살았던 그리스 7인의 현자. 탈레스, 솔론, 킬론, 비아스, 클레오불루스, 피타코스, 페리안드로스(유손).

왜 탈레스가 가장 오래된 수학자인가?

탈레스는 BC 7~BC 6세기의 그리스인인데, 그전에는 수학이 없었을까? 고대 메소포타미아에서는 거대한 성탑 지구라트(BC 3000년)가 만들어졌고 고대 이집트에서는 쿠푸왕(BC 2589~BC 2566년에 통치)의 피라미드가 세워졌는데, 그런 토목 작업을 하려면 분명 고도의 수학이 필요했을 거야.

그런데도 탈레스가 최초의 수학자라고 불리는 이유는 처음으로 '증명'을 했기 때문이야. 이집트에『린드 파피루스』같은 수학 문제집(해답 포함)이 있긴 했지만, 거기에는 '이렇게 하면 풀린다'라는 설명만 있지 '왜 그렇게 해서 풀리는가'에 대한 증명 과정이 없어. 실용의 범위에서 벗어나지 못했다고 할 수 있지.

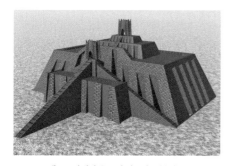

메소포타미아 우르의 지구라트 복원도
산에 대한 신앙이 있었던 것으로 보이며, 지구라트는 도시 안에 세워진 인공산이자 성탑으로 추정된다.

고대 이집트의 파피루스에 적힌 수학 문제
길이 5.5m, 폭 0.33m의『린드 파피루스』에는 84개의 문제와 해답이 있다. 예를 들어 '9개의 빵을 10명이 나누는 방법은?'이라는 문제에서는 '빵 2/3개, 빵 1/5개, 빵 1/30개를 합치면 된다'가 해답이다.

탈레스 ●Thales

탈레스의 정리

탈레스는 아래와 같이 얼핏 당연해 보이는 사실을 증명했다.

(1) 원은 지름을 따라 2등분 된다.

(2) 맞꼭지각은 같다.

(3) 이등변삼각형의 두 밑각은 같다.

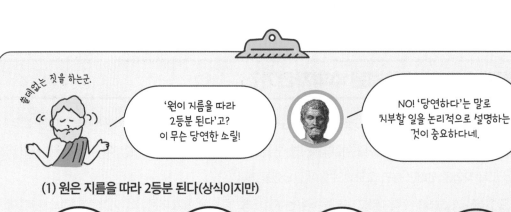

(1) 원은 지름을 따라 2등분 된다(상식이지만)

원

지름으로 분할한다

두 개의 반원을 합친다

두 개의 반원이 정확히 포개진다

연역법을 이용한 수학적 증명

(2) 맞꼭지각은 같다

맞꼭지각

(3) 이등변삼각형의 두 밑각은 같다

탈레스에게 배울 점 - 그것은 정말로 명백한 사실인가?

탈레스는 당연하다거나 명백하다고 생각하는 것을 '당연하다'라는 말로 일축하지 않고,

❶ 누구나 인정하는 원리(공준)에서 출발하여

❷ 옳은 논리 전개를 함으로써

❸ '누구나 인정할 수밖에 없는 옳은 결론'을 얻었다.

이를 연역법이라고 부른다.

증명에 사용되는 연역법(증명 순서)

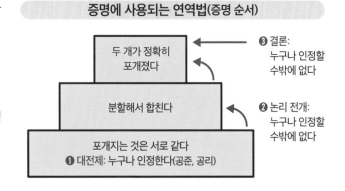

❸ 결론: 누구나 인정할 수밖에 없다

두 개가 정확히 포개졌다

❷ 논리 전개: 누구나 인정할 수밖에 없다

분할해서 합친다

포개지는 것은 서로 같다
❶ 대전제: 누구나 인정한다(공준, 공리)

증명은 수학 외에도 쓸모가 있다

탈레스의 증명을 봐도 알 수 있듯이 '증명'이란 '논리적으로 상대를 설득하는 방법'이라고 할 수 있어. 만약 여러분과 가까운 사람 중에 '이건 당연한 거니까 내 말 들어'라든가 '너의 그런 비판은 무조건 옳지 않아'라는 말을 하는 사람이 있다면 **❶~❸**번 방법(연역법)으로 차근차근 설명하면 설득할 수 있을 거야. 이게 바로 '증명'이야.

이걸로 설득할 수 있을걸세.

탈레스
● Thales

에피소드❶ 아무도 몰랐던 피라미드의 높이

탈레스가 이집트에 가서 피라미드의 높이를 물었더니, 아무도 정확한 높이를 알지 못했어. 탈레스는 막대기 하나를 땅에 세우고(자신의 키를 이용했다는 이야기도 있다) 피라미드와 막대기의 그림자 길이의 비(닮음비)로 높이를 계산해서 사람들을 놀라게 했대.

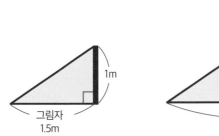

1m
그림자
1.5m

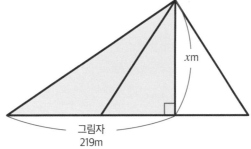

xm
그림자
219m

예를 들어 1m 길이의 막대기 그림자가 1.5m일 때, 피라미드의 그림자가 219m였다고 하면
$1 : 1.5 = x : 219$
x는 피라미드의 높이. 이 식을 풀면
$x = 219 \div 1.5 = 146$(m)이다.

공간 도형의 닮음

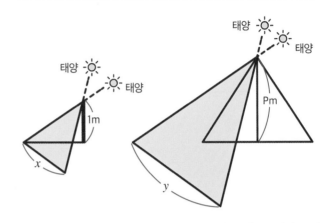

그런데 앞 페이지에 나온 방법은 '현자'라 불렸던 사람이 썼다고 하기에는 좀 아쉬워. 왜냐하면 피라미드 그림자의 대부분은 피라미드에 가려지기 때문에 이 방법으로 측정하려면 한 변에 평행으로 그림자가 드리울 때(남중)를 노릴 수밖에 없거든. 탈레스는 실제로 더 똑똑한 방법을 썼는데, 막대기와 피라미드의 그늘을 두 번 측정했어. 그때 생긴 각 그림자의 끝을 연결한 막대기와 피라미드의 길이를 x, y라고 했을 때, 각 길이는 비례하므로 '$1:P=x:y$'가 돼. 이것을 '공간 도형의 닮음'이라고 불러.

에피소드❷ 옵션거래의 조상?

탈레스는 매우 가난했어. '학문을 해 봤자 부자는 될 수 없겠네'라는 말을 듣고 '돈은 언제든지 벌 수 있다'는 사실을 증명해 보이려 했다지. 탈레스는 천문학을 이용하면 이듬해에는 올리브가 풍작을 거둘 수 있으리라 예상하고 한겨울에 그해 올리브 섬에 있는 올리브 압착기를 싼 값에 미리 전부 다 빌리기로 했어. 이듬해에 진짜로 풍작이 되

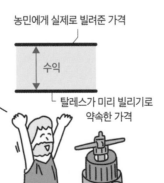

만세~!
내년에 흉작이면 아무도 압착기를 빌리지 않을 텐데, 탈레스가 전부 다 빌리기로 약속했어. 싸게 빌려주기로 했지만 괜찮아!

농민에게 실제로 빌려준 가격

수익

탈레스가 미리 빌리기로 약속한 가격

자 농민들은 탈레스에게 비싼 가격으로 압착기를 빌릴 수밖에 없었어. 탈레스는 학자가 가난한 이유는 언제든지 돈을 벌 수 있음에도 단지 '돈에 무심하기 때문'이라는 사실을 이렇게 증명했어. 장래에 값이 오를(혹은 내릴) 것을 예측해서 일정 가격으로 권리를 먼저 사 두는 방법을 옵션거래라고 하는데, 탈레스는 철학이나 수학뿐 아니라 딜리버티브(금융 파생상품) 거래의 조상으로도 알려져 있어.

피타고라스

철학을
사랑했던
수학자

만물은 수(數)이다

● BC 582~BC 496년경

● **피타고라스**

그리스(사모스 섬)의 수학자이자 철학자. 사모스 섬의 현자라 불렸다. 철학이라는 말을 맨 처음으로 사용하고 자신을 '철학자'라고 부른 최초의 사람이기도 하다. 피타고라스는 56세에 고향으로 돌아와 학문을 연구하는 단체이면서 종교적인 성격을 띤 공동체를 만들었다. 피타고라스를 신처럼 믿고 따르던 제자들을 피타고라스학파라고 부른다. 피타고라스학파는 수학, 철학, 자연과학 등을 연구했고, 비밀스럽고 신비한 의식과 계율이 있었는데 종교단체의 성격이 강했다.

피타고라스의 수

고대 때부터 직각삼각형 세 변의 비는 '3 : 4 : 5'처럼 세 개의 수가 전부 정수로 이루어진 조합으로 알려져 있었어. 이걸 피타고라스의 수라고 하는데 오른쪽과 같은 공식으로 만들어 낼 수 있어.

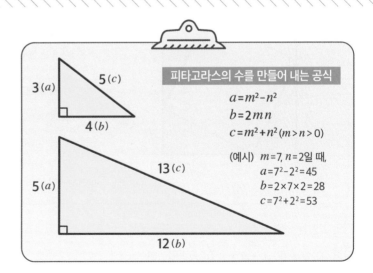

피타고라스의 수를 만들어 내는 공식

$$a = m^2 - n^2$$
$$b = 2mn$$
$$c = m^2 + n^2 \ (m > n > 0)$$

(예시) $m = 7, n = 2$일 때,
$$a = 7^2 - 2^2 = 45$$
$$b = 2 \times 7 \times 2 = 28$$
$$c = 7^2 + 2^2 = 53$$

3 (a) 5 (c) 4 (b)

5 (a) 13 (c) 12 (b)

$a^2+b^2=c^2$를 발견한 피타고라스

피타고라스는 직각삼각형에서 '3:4 :5'나 '5:12:13'처럼 특정한 정수에 국한되지 않고, 직각삼각형을 일반화하여 세 변 a, b, c를 $a^2+b^2=c^2$ 이라는 형태로 나타낼 수 있다는 사실을 제시했다는 점에서 위대한 발견을 했다고 할 수 있어. 이것이 바로 피타고라스의 정리야.

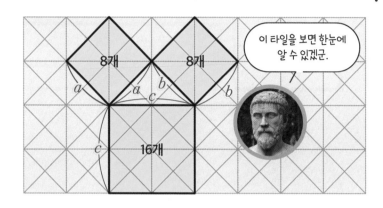

이 타일을 보면 한눈에 알 수 있겠군.

오른쪽은 직각 이등변삼각형의 타일을 그림으로 나타낸 거야. 타일의 개수를 세면 직관적으로 $a^2+b^2=c^2$이라는 사실을 알 수 있지만, 직각 이등변삼각형이 아닌 경우에는 성립하지 않을지도 몰라.

그런데 아래처럼 나타내면 '피타고라스의 정리'를 증명할 수 있어.

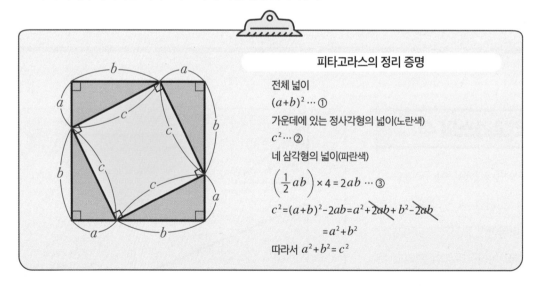

피타고라스의 정리 증명

전체 넓이
$(a+b)^2 \cdots$ ①
가운데에 있는 정사각형의 넓이(노란색)
$c^2 \cdots$ ②
네 삼각형의 넓이(파란색)
$\left(\dfrac{1}{2}ab\right) \times 4 = 2ab \cdots$ ③

$c^2 = (a+b)^2 - 2ab = a^2 + \cancel{2ab} + b^2 - \cancel{2ab}$
$\qquad = a^2 + b^2$

따라서 $a^2 + b^2 = c^2$

위의 그림을 보면 한 변이 $(a+b)$인 커다란 정사각형 안에 삼각형 4개(파란색)와 사각형(c^2:노란색)이 들어 있어. 간단한 계산만으로 $a^2+b^2=c^2$이 증명되었어.

생각지 못한 발견

그런데 피타고라스는 '알아서는 안 될 것'을 알아 버리고 말았어. 바로 직각 이등변삼각형의 두 변이 1일 때, 빗변을 정수나 분수의 비로 나타낼 수 없다는 것. 이게 왜 문제인가 하면, 그 당시에 '직선은 점들로 이루어져 있다'라는 말을 믿었던 탓에 선의 길이는 반드시 정수나 분수(정수 비)로 나타낼 수 있다고 생각했거든. 피타고라스는 자신이 다룰 수 없는 수가 존재한다는 것을 도저히 받아들일 수 없었어. 분수로 표현할 수 없는 수가 존재한다는 것 때문에 무척 당황했지. 그래서 분수로 표현되지 않는 수가 존재한다는 사실을 비밀로 부쳤어.

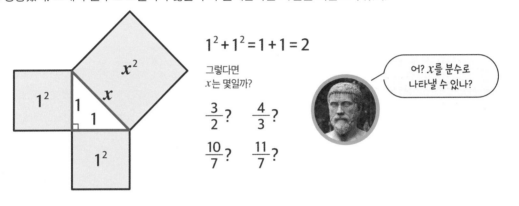

$$1^2 + 1^2 = 1 + 1 = 2$$

그렇다면
x는 몇일까?

$$\frac{3}{2}?\quad \frac{4}{3}?$$

$$\frac{10}{7}?\quad \frac{11}{7}?$$

어? x를 분수로 나타낼 수 있나?

피타고라스 ● Pythagoras

계율을 어긴 자는 죽임을 당했다!?

피타고라스학파에는 '학파 안에서 알아낸 일은 외부로 유출해선 안 된다'라는 계율이 있었어. 이 계율을 어기고 '분수로 나타내지 못하는 수가 존재한다'는 사실을 입 밖으로 꺼낸 자는 죽임을 당했대. 이 '두 정수의 비, 즉 분수로 나타내지 못하는 수'가 바로 무리수였던 거야.

계율을 잊은 거니?

바보 같은 소리 말고 계율을 지켜!

무리수의 발견을 공표할 것인가, 아니면 학파의 계율을 지킬 것인가?

이 사실을 세상에 널리 알리고 싶다.

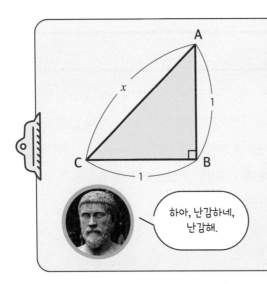

피타고라스의 정리에서 $\overline{AB}^2 + \overline{BC}^2 = \overline{AC}^2$

따라서 $1^2 + 1^2 = x^2$ $\therefore x = \sqrt{2}$ 라고 쓴다.

여기서 $\sqrt{2}$ 를 분수로 나타내지 못한다면 $\sqrt{2}$ 는 무리수이다.

$\sqrt{2} = \dfrac{b}{a}$ 로 쓸 수 있다고 하자(a, b는 정수이자 서로소)

여기에 제곱을 해서 $2 = \dfrac{b^2}{a^2}$ 따라서 $2a^2 = b^2$

이 사실에서 b는 2의 배수라는 사실을 알 수 있다. $\therefore b = 2c$(c는 정수)

$2a^2 = b^2 = (2c)^2 = 4c^2$ $\therefore a^2 = 2c^2$

따라서 a도 2의 배수이므로 $a = 2d$(d는 정수)라고 쓸 수 있다.

$\sqrt{2} = \dfrac{b}{a} = \dfrac{2c}{2d}$

하아, 난감하네, 난감해.

이것은 'a, b가 서로소'라는 사실에 위배되기 때문에 분수로 나타낼 수 없다. 따라서 $\sqrt{2}$ 는 무리수이다.

계율 때문에 죽은 피타고라스

피타고라스는 음계 연구를 하다가 '만물은 수로 이루어져 있다'라는 생각을 떠올렸고, 1+2+3=6이 되는 완전수를 각별히 사랑했어. 피타고라스학파에 들어가기 위해서는 수학 시험도 봐야 했어. 많은 사람들의 인기를 한 몸에 받고 있던 피타고라스였지만 학파의 폐쇄성과 광기에 공포를 느낀 사람들에게 이내 배척당했고, 마지막에는 교단 시험에 떨어져 원한을 품은 자가 사람들을 선동한 탓에 죽음을 맞이했다고 해. 도망가던 중에 콩밭을 만났는데, '콩'은 먹으면 안 되는 음식으로 계율에 정해져 있었기 때문에(콩은 영혼의 윤회에 방해가 될 뿐더러 소화를 불편하게 만들기 때문에) 콩밭에 들어가기를 주저하다 목숨을 잃었다는 이야기도 있어.

무게가 다른 쇠망치의 울림소리를 듣고 있다.

크기가 다른 종과 물의 양이 각기 다른 컵을 치며 소리를 듣고 있다.

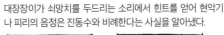

대장장이가 쇠망치를 두드리는 소리에서 힌트를 얻어 현악기나 피리의 음정은 진동수와 비례한다는 사실을 알아냈다.

무게가 다른 추를 매달고 현을 당겨 소리를 듣고 있다.

길이가 다른 피리의 소리를 듣고 있다.

콩을 보고 눈을 돌리는 피타고라스.

친화수와 완전수를 사랑한 고대 수학자

Column 1

● **친화수**(amicable numbers)**와 부부수**(betrothed numbers)

피타고라스는 우주란 인간의 주관이 아니라 '수의 법칙'에 따라 숫자와 계산으로 설명할 수 있다고 생각했어. 그런 이유 때문에 '만물은 수이다'라고 한 거야. 그리고 피타고라스는 요즘 학교에서도 가르치지 않을 특수한 수를 계속해서 생각해 냈어. 그중 하나가 '친화수'야.

친화수는 우애수라고도 불리는데, '숫자가 서로 다른 자연수 한 쌍에서 자신을 제외한 약수의 합이 다른 한 수와 같아지는 수'를 말해. 실제 예시를 한번 살펴보자.

최소 친화수는 (220, 284) 짝꿍이야. 각 수의 약수는 이렇게 돼.

> **220의 약수** : 1, 2, 4, 5, 10, 11, 20, 22, 44, 55, 110, 220
> **284의 약수** : 1, 2, 4, 71, 142, 284

이들 약수 중에서 '자신을 제외'한다고 하니 220과 284를 빼고 나머지 수를 더해 볼게(약수의 합).

> **220의 경우** : 1 + 2 + 4 + 5 + 10 + 11 + 20 + 22 + 44 + 55 + 110 = 284
> **284의 경우** : 1 + 2 + 4 + 71 + 142 = 220 ◀——— 친화수 ———

이렇게 해서 (220, 284) 짝꿍은 친화수라는 사실을 알아냈는데, 컴퓨터도 계산기도 없던 시절에는 손으로 직접 계산해야 하니까 친화수를 찾아내기가 엄청 어려웠어. 실제로 다음에 등장하는 친화수는 17세기에 페르마(1607~1665년)가 (17296, 18416)을 찾아낼 때까지 기다려야만 했지. 친화수 짝꿍을 작은 수부터 나열하면 이렇게 돼.

> (220, 284), (1184, 1210), (2620, 2924), (5020, 5564),
> (6232, 6368), (10744, 10856), (12285, 14595), (17296, 18416), ……

친화수를 보면 짝수 짝꿍, 아니면 홀수 짝꿍밖에 없잖아. 그럼 '짝수와 홀수'로 이루어진 친화수도 존재할까? 이게 친화수에서 아직도 해결하지 못한 문제야.

참고로 오일러는 60쌍 정도의 친화수를 발견했다고 해. 오일러니까 해낼 수 있는 계산력이지.

친화수의 친구 중에 '부부수'가 있어. 이는 '자기 자신과 1'을 제외한 약수의 합이 서로 같아지는 수를 말해. 부부수로는 (48, 75)가 있어.

● 완전수(perfect number)

완전수의 개념도 피타고라스가 만들었다고 해. 이는 '자기 자신을 제외한 양의 약수의 합과 자기 자신이 같아지는 자연수'를 말해. 고대 그리스에서는 '완전함'을 나타내는 것으로서 중시했다고 해.

> 완전수의 예: $6 = 1 + 2 + 3$ $28 = 1 + 2 + 4 + 7 + 14$

왜 피타고라스가 '완전수'라고 이름 붙였는지는 정확히 알려지지 않았지만, 중세의 한 종교학자는 '천지창조가 6일 만에 이루어졌고 달의 공전 주기가 28일이라서'라고 해석했대. 홀수의 완전수는 아직 발견되지 않았어.

천지창조는
6일 만에
이루어졌다.

달은 28일
주기로 공전

플라톤

철학자이자
레슬러

수학을 숭배한 철학자

● BC 427~BC 347년

● 플라톤

고대 그리스의 철학자. 소크라테스의 제자이며 아리스토텔레스의 스승이다. 엄밀히 말하면 플라톤은 수학자가 아니지만, 수학을 '진리를 탐구하기 위한 학문'으로 생각해서 장려했다. 아테네에 연 아카데미아 입구에 '기하학을 모르는 자는 이 문 안으로 들어오지 말라'라는 글을 써 붙였다는 이야기는 유명하다.
모든 면이 같은 정다각형으로 이루어진 입체를 '플라톤의 입체'(정다면체)라고 부른다.

수학과의 만남

플라톤은 스승인 소크라테스가 모독죄 혐의로 독배를 마신 일 때문에 아테네의 정치에 진절머리가 났어. 그 후 그는 시칠리아 섬(현재는 이탈리아 영토)과 이집트를 전전했어. 이때 피타고라스학파를 통해 수학과 기하학을 접했고,

그와 동시에 환생하는 프시케(영혼)에 대해 중요하게 생각했어. 나아가 감각을 뛰어넘은 곳에 진정한 실재로서 존재하는 '이데아'를 생각하게 됐지(그 그림자에 해당하는 것이 '가상'). 이 때문에 플라톤의 철학은 일반적으로 이데아론이라고 불려. 그리고 시칠리아 섬에서 태어난 아르키메데스는 플라톤보다 150년이 더 지난 후에 나타난 인물이야.

학문에 순위가 있을까?

플라톤에 따르면 참의 세계 '이데아'를 다루는 것이 '철학'이기 때문에 학문으로서 최고 순위에 놓았어. 반대로 그림자 세계에 지나지 않는 '가상'을 다루는 것이 천문학이나 기계학이니, 하위에 속하는 학문으로 여겼지. 그리고 양자 사이를 잇는 것이 '수학'이라고 했어. 후세의 아르키메데스도 천문학이나 기계학보다 수학을 상위에 두었지.

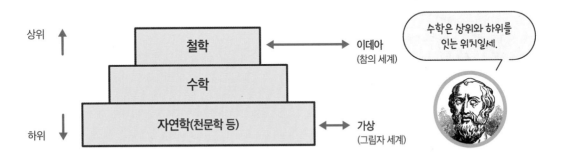

아카데미아 개교

BC 387년에 플라톤은 아테네 교외에 있는 아카데미아 땅에 학문의 전당을 세우고, 그 지명을 따서 학교 이름을 '아카데미아'라고 지었어. 아카데미아에서는 산술, 기하학, 천문학 등을 이수한 후에 철학을 배웠어. 그중에서도 기하학은 사물에 대해 깊게 생각하기 위한 필수 트레이닝이라고 여겼어. 그래서 아카데미아 문에 '기하학을 모르는 자는 이 문 안으로 들어오지 말라'라는 푯말까지 걸어 둔 거지. 플라톤이 아카데미아를 열고 900년 후인 AD 529년에 비기독교적인 학문을 가르친다는 이유로 동로마 제국의 황제 유스티니아누스 1세가 아카데미아를 폐교시켰어.

아카데미아의 흔적(2008년)

아카데미아에서 공부하는 이들을 그린 모자이크화

플라톤의 5가지 입체

그리스인은 '각 면이 서로 합동인 정다각형이고, 각 꼭짓점에 모여 있는 면의 개수가 같은 정다면체는 5개밖에 없다'라는 사실을 알고 있었어. 이를 '정다면체' 또는 '플라톤의 입체'라고 해. 플라톤은 이들 입체에는 특별한 의미가 있다고 생각했어. 그리스인들은 이들 5개의 입체 중 4개를 '불, 공기, 물, 흙'이라는 4원소에 대응시켜 원소가 옮겨 간다고 생각했어. 정십이면체는 정오각형으로 이루어져 있어 원소에서 제외시켰어.

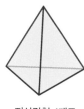   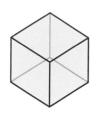 

| 정삼각형 4개로 이루어진 정사면체 **(불)** | 정삼각형 8개로 이루어진 정팔면체 **(공기)** | 정삼각형 20개로 이루어진 정이십면체 **(물)** | 정사각형 6개로 이루어진 정육면체 **(흙)** | 정오각형 12개로 이루어진 정십이면체 **(우주)** |

플라톤 ● Plato

링 네임(Ring name)이 '플라톤'?

으랏차!

플라톤은 아테네 왕족의 피를 이어받았어. 당시 명문 집안에서는 문무 겸비를 중시했던 풍습도 있었던 데다, 플라톤은 체격도 좋았기 때문인지 청년 시절에 아테네를 대표하는 레슬러로도 유명했대. '플라톤'이라는 이름도 사실 링 네임이라는 설이 있어.

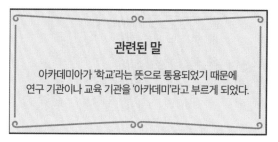

관련된 말

아카데미아가 '학교'라는 뜻으로 통용되었기 때문에 연구 기관이나 교육 기관을 '아카데미'라고 부르게 되었다.

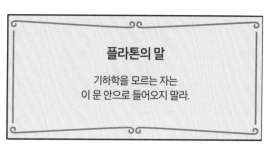

플라톤의 말

기하학을 모르는 자는 이 문 안으로 들어오지 말라.

에우독소스

별을 사랑했던 수학자

철저 검토법으로 뉴턴을 앞지르다?

● BC 408~BC 355년

● 에우독소스

고대 그리스의 수학자이자 천문학자. 소아시아(현재의 튀르키예)의 크니도스 섬에서 태어나 이집트, 그리고 아테네로 옮겨 살았다. 원뿔의 부피는 높이와 밑넓이가 같은 원기둥의 1/3이라는 사실을 증명했다. 뉴턴, 라이프니츠보다 먼저 적분 사고법을 제시했다.

저서는 남아 있지 않지만, 유클리드의 『원론』에 에우독소스의 업적이 반영되었다고 한다. 또한 '에우독소스다'라고 확실하게 검증된 초상화는 존재하지 않는다.

가난뱅이 수학자

에우독소스는 플라톤의 아카데미아 설립 소문을 듣고 빚까지 내서 아테네로 떠났어. 많은 문하생들이 그를 무시했지만, 플라톤은 에우독소스의 재능을 알아차리고 예뻐했어. 에우독소스는 가난했던 탓에 아테네에 살지 못하고 멀리 떨어진 마을에 살면서 아카데미아에 다녔어.

에우독소스
드디어 합격!
장거리 통학
플라톤
간절함이 있군.
기하학의 증명
우리보다 먼저야!
뉴턴
라이프니츠

난해한 기하학의 정리를 수없이 많이 증명했고, 뉴턴(1643~1727년)이나 라이프니츠(1646~1716년)보다 2000년이나 먼저 곡면의 넓이나 부피를 적분의 발상으로 생각해 냈어.

철저 검토법

에우독소스의 수학적인 업적으로는 '철저 검토법'이 있어. 유클리드는 이 철저 검토법을 『원론』 안에서 사용하여 몇 가지 명제를 증명했어. 에우독소스로부터 100년 후에 활동한 아르키메데스도 철저 검토법을 써서 원주율을 3.14까지 구했지. 18세기의 뉴턴과 라이프니츠가 미적분을 완성했는데, 철저 검토법이 그 출발점이었어.

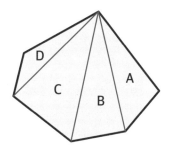

어떤 다각형(위 그림은 육각형)이라도
삼각형으로 나누면 넓이를 구할 수 있다.

철저 검토법

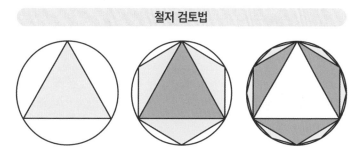

원의 넓이를 삼각형으로 근사한다.
계속해서 원을 삼각형으로 채워 나간다.

에우독소스는 '원뿔의 부피는 높이와 밑넓이가 같은 원기둥 부피의 1/3이다'라는 사실을 엄밀하게 증명했어. 이 공식은 초등학교에서 배우는데, 엄밀한 증명은 고등학교 적분 과정에 나와.

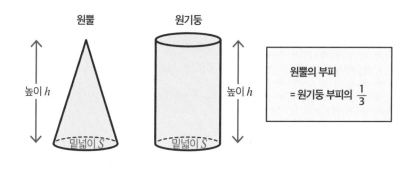

원뿔　　　원기둥

높이 h　　　높이 h

밑넓이 S　　　밑넓이 S

원뿔의 부피
= 원기둥 부피의 $\frac{1}{3}$

에우독소스 ● Eudoxos

유클리드

베스트셀러 작가

기하학의 기초를 세우다

● BC 300~BC 275년경

(출처:
옥스퍼드 대학/
조셉 더럼)

● 유클리드

플라톤에게 가르침을 받았고 이집트의 알렉산드리아 도서관에서 배우고 가르쳤다. 『유클리드 원론』(또는 『원론』)을 집필했다. 『기하학 원본』이라 불리기도 하는데, 내용은 기하학만 있는 것은 아니다. 출생 연도나 생애에 대해 거의 알려지지 않아서 실존한 인물인지 의심하는 이들도 많다.

『원론』의 원제는 『Stoikheia』(스토이케이아)인데, 그리스어로 '알파벳'이라는 뜻이다.

베스트셀러 『유클리드 원론』

유클리드의 『원론』은 새로운 수학 이론서는 아니었어. 그런데 그때까지 알려져 있던 수학(플라톤의 아카데미아 등)의 성과를 집대성했다는 점에서 큰 의의가 있어. 그 후에도 다양한 그림이나 주석을 붙인 버전이 나오고 번역도 되어 19~20세기 초반까지 기하학의 교과서로 널리 읽혔어. 무려 『성경』에 이은 초베스트셀러래. 중국에서는 명나라 시대인 1607년에 마테오 리치와 서광계가 『기하 원본』이라는 제목으로 한역을 했어.

마테오 리치(왼쪽)와 서광계(오른쪽)

『원론』은 총 13권으로 무리수도 다루고 있어. 이 책에서 다루는 5개의 공준은 수학적으로 따지지 않고 참이라고 믿는 기본 과정을 말해. 처음에 믿기로 합의한 5개의 전제를 바탕으로 수학적(혹은 논리적) 증명을 하면 항상 옳은 결론에 도달할 수 있지. 이를 '연역법'이라고 불러. 이와 반대로 많은 경험을 토대로 '이게 맞겠지'라고 추측하는 방법이 귀납법인데, 통계

『원론』의 일부

처음에는 BC 300년경에 쓰였다고 알려졌는데, 현재는 BC 75~AD 125년경으로 추측된다. 19세기에 이집트의 고대 마을 옥시링쿠스의 쓰레기 더미에서 발굴되었다.

학이나 AI(인공지능)가 이 방법을 쓰지만 반드시 맞는다는 보증은 없어.

권수	정의	공준	명제	내용
제 1 권	23	5	48	평면도형의 성질
제 2 권	2	-	14	넓이의 변형
제 3 권	11	-	37	원의 성질
제 4 권	7	-	16	원에 접한 다각형
제 5 권	18	-	25	비례
제 6 권	4	-	33	비례(그림으로 응용)
제 7 권	22	-	39	수론(정수론)
제 8 권	-	-	27	수론(정수론)
제 9 권	-	-	36	수론(정수론)
제 10 권	16	-	115	무리수
제 11 권	29	-	39	입체도형
제 12 권	-	-	18	넓이와 부피
제 13 권	-	-	18	정다면체

유클리드 ● Euclid

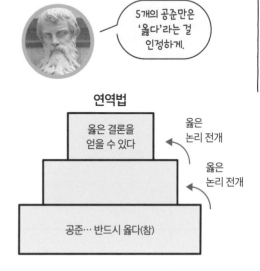

5개의 공준만은 '옳다'라는 걸 인정하게.

연역법

옳은 결론을 얻을 수 있다

← 옳은 논리 전개

← 옳은 논리 전개

공준… 반드시 옳다(참)

『원론』의 다섯 번째 공준은 정말 맞는가?

유클리드의 『원론』에서는 다음 다섯 가지 공준이 '자명'하다고 여겼는데, 다섯 번째가 다른 것들에 비해 이상하리만치 길고 장황해. 이건 수상하지!

공준 : 증명하지 않는 참인 문장(기하학에서만 적용 가능)

　　(공준1) 한 점에서 다른 임의의 점까지 직선을 만들 수 있다.

　　(공준2) 한 직선 위에서 유한한 다른 직선을 계속하여 만들 수 있다.

　　(공준3) 임의의 한 중심과 둘레를 이용하여 원을 만들 수 있다.

　　(공준4) 모든 직각들은 서로 같다.

　　(공준5) 두 직선 위를 지나는 하나의 직선과 그 안쪽에 마주한 각들의 합이 두 개의 직각보다 작다면, 그 두

　　　　　 직선이 무한히 뻗어나갔을 때, 마주한 각이 두 개의 직각보다 작았던 쪽에서 만난다.

여기서 공준5는 '평행선 공준'이라 불리는데, 이 공준이 긴 이유는 '자명하지 않기 때문 아닌가?' '틀린 것 아닌가?'라며 고대 때부터 지적을 받아 왔어.

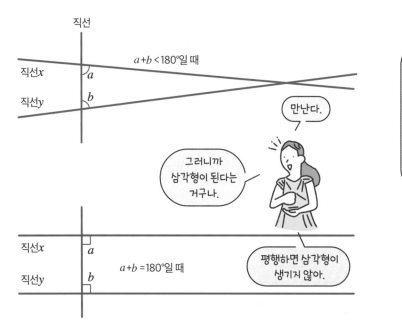

직선

직선x　　a

직선y　　b

$a+b < 180°$일 때

만난다.

그러니까 삼각형이 된다는 거구나.

직선x　　a

직선y　　b

$a+b = 180°$일 때

평행하면 삼각형이 생기지 않아.

똑똑히 보시게.
$a+b = 180°$일 때는 평행이 되지.
즉, 평행선은 하나밖에 그리지 못한다는 뜻일세!
이게 바로 유클리드 기하학이지.

180°보다 큰 삼각형, 작은 삼각형?

'평행하면 삼각형이 생기지 않는다'라는 유클리드의 기하학에 이의를 제기한 사람이 있었는데, 19세기의 수학자

로바쳅스키와 보여이, 그리고 리만이었어. 이 세 사람은 각각 이렇게 고안했어(삼각형의 경우).

리만… '내각의 합이 180°보다 큰 삼각형'

보여이, 로바쳅스키… '내각의 합이 180°보다 작은 삼각형'

이를 비유클리드 기하학(non-Euclidean geometry)이라고 불러.

유클리드 ● Euclid

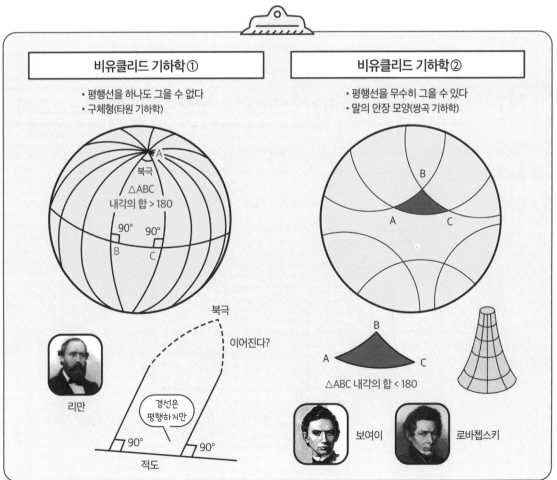

비유클리드 기하학①

- 평행선을 하나도 그을 수 없다
- 구체형(타원 기하학)

북극
△ABC
내각의 합 > 180
90° 90°
B C

리만

북극
이어진다?
경선은
평행하지만
90° 90°
적도

비유클리드 기하학②

- 평행선을 무수히 그을 수 있다
- 말의 안장 모양(쌍곡 기하학)

B
A C
O

B
A C
△ABC 내각의 합 < 180

보여이

로바쳅스키

Column 2 기하학에 왕도 없다

● 문무에 모두 능했던 알렉산더

알렉산더 대왕(BC 356~BC 323년)의 아버지 필리포스 2세는 아들의 학업을 위해 '미모사 학원'을 만들고 대철학자 아리스토텔레스를 마케도니아로 불렀어. 그리고 알렉산더가 16세가 될 때까지 학우 프톨레마이오스(후에 프톨레마이오스 왕조의 왕이 된다) 등과 함께 아리스토텔레스의 가르침을 받게 했어.

어느 날 알렉산더가 기하학(공간의 수리적[數理的] 성질을 연구하는 수학의 한 분야)의 스승 메나이크모스(BC 380~BC 320년: 원뿔 곡선 발견자)에게 "기하학을 더 간단히 배울 방법은 없는가?" 하고 물었더니, 메나이크모스는 "왕이시여, 길에는 왕도와 일반도가 구별되어 있지만, 기하학에는 길이 하나밖에 없습니다"라고 대답했대. 이것이 '학문에는 왕도가 없다'라고 알려진 에피소드인데 '왕만 지나갈 수 있는 길이 있었다'는 사실도 놀랍지.

꼭 닮은 이야기가 이집트의 프톨레마이오스 왕(알렉산더의 학우)과 유클리드 사이에도 있어. "기하학을 배우는 데 『원론』보다 나은 지름길은 없는가?"라는 질문을 받은 유클리드는 "아무리 왕이라 할지라도 기하학에는 왕도(지름길)가 없습니다"라고 대답했대.

유클리드의 『원론』은 21세기의 우리들에게는 멀게 느껴지는 책인데, 19세기까지 유럽에서 교과서로 사용되어 온 기하학의 표준이야. 하지만 정의나 증명이 끝없이 이어지는 탓에 지루해하는 왕의 모습도 쉽게 상상이 가지.

아르키메데스

Archimedes

수학에 살고
수학에 죽는
몰입형 인간

로마군을 물리친 수학자

● BC 287~BC 212년경

● 아르키메데스

고대 그리스의 수학자, 과학자, 기술자. 아르키메데스는 그리스 식민 도시 시라쿠사(시칠리아 섬)에서 한평생을 보냈다. 원주율(π)이 3.14라는 사실, 아르키메데스의 원리(부력) 등 수학과 물리학에 세운 공이 크다. 로마군에 대항해 거대한 갈고리와 투석기 등의 기계를 만들어 시라쿠사 방위에 한몫을 했다. 뉴턴, 가우스와 어깨를 나란히 하는 3대 수학자 중 한 사람이다. 수학과 관련한 아르키메데스의 업적으로는 십진법의 도입, 포물선으로 둘러싸인 도형의 넓이 계산, 원주율의 계산 등이 있다.

눈앞에 있는 사람도 안중에 없었던 몰입형 인간

아르키메데스는 수학 문제가 생각나면 대화 중인 상대방의 존재도 잊어버린 채 그 문제에 몰두하는 사람이었어. 예를 들면 시라쿠사의 히에론 2세가 '왕관' 문제를 풀어 달라고 요청해서 계속 생각하고 있었는데, 욕조에 있다가 번뜩 답이 생각난 거야. 아르키메데스는 그 즉시 '유레카!(알아냈다!)'라고 외치며 기쁨을 주체할 수 없어 욕실에서 뛰어나와 벌거숭이 모습으로 거리를 뛰어다녔대.

아르키메데스는 원 X의 넓이(왼쪽 아래 그림)가 직각삼각형 Y(왼쪽 아래 그림)와 같다는 사실을 '귀류법'으로 증명했어. 귀류법이란 이런 거야.

'X의 넓이 > Y의 넓이'라고 가정하면…… 모순이 생긴다!

'X의 넓이 < Y의 넓이'라고 가정하면…… 모순이 생긴다!

이 사실에서 'X의 넓이=Y의 넓이'라는 것을 간접적으로 증명하는 방법이야.

하지만 귀류법으로 증명하기 위해서는 미리 '정답'을 추측해야지, 그렇지 않으면 어려워. 그렇다면 아르키메데스는 어떤 식으로 추측했을까? 그 비밀은 『방법』이라 불리는 책(에라토스테네스에게 보내는 편지 형식을 띠고 있다)에 적혀 있었어. 그리고 그 책은 1204년에 콘스탄티노플이 함락되면서 십자군에게 빼앗겨 이 세상에서 사라졌다고 알려져 있었어. 그러던 것이 20세기에 들어선 1906년, 하이베르크(덴마크의 수학사학자)가 700년 만에 다시 발견하여 해독함으로써 아르키메데스의 해법이 밝혀졌어.

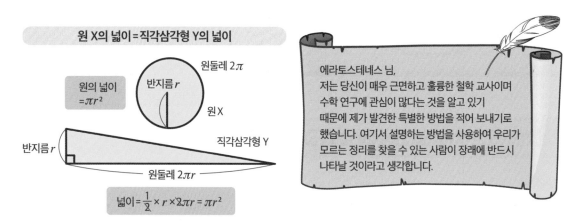

원 X의 넓이 =직각삼각형 Y의 넓이

원의 넓이 $=\pi r^2$

원둘레 2π

반지름 r

원 X

직각삼각형 Y

반지름 r

원둘레 $2\pi r$

넓이$=\dfrac{1}{2} \times r \times 2\pi r = \pi r^2$

에라토스테네스 님,
저는 당신이 매우 근면하고 훌륭한 철학 교사이며 수학 연구에 관심이 많다는 것을 알고 있기 때문에 제가 발견한 특별한 방법을 적어 보내기로 했습니다. 여기서 설명하는 방법을 사용하여 우리가 모르는 정리를 찾을 수 있는 사람이 장래에 반드시 나타날 것이라고 생각합니다.

미스터 B

그러나 『방법』의 실물은 다시 세상에서 모습을 감췄어. 그러다가 20세기도 막바지에 접어든 1998년 10월 29일 목요일에 다시 나타났어. 바로 뉴욕 크리스티즈 경매장에서 말이야.

보존 상태가 엉망인 책이 경매에 부쳐졌어. 『아르키메데스의 팔림프세스트』(상품 코드 '유레카 9058')라는 제목의 책은 220만 달러(현재 환율로 약 29억)에 낙찰되었어. 누가 구입했을까? 미국의 IT 부호로 '미스터 B'라는 발표만 있었어.

그 후 미스터 B는 이 『팔림프세스트』를 미국의 볼티모어에 있는 월터스 박물관에 맡겨 복원과 데이터화 프로젝트를 가동했고, 스폰서로서 자금을 제공하여 해독에 막대한 공헌을 했어.

뉴욕 크리스티즈 경매

아르키메데스가 손으로 직접 쓴 책들은 모두 파피루스 종이에 적혀 있었어. 그러나 파피루스는 보존하기가 불편해서 그 후 양피지에 베껴 썼어. 그 양피지도 구하기가 어려워서, 이미 적혀 있던 것을 지우고 다시 썼어. 그걸 '팔림프세스트'라고 하는데, 『아르키메데스의 팔림프세스트』란 아르키메데스가 쓴 글 위에 기도문 등을 덧쓴 것이라는 뜻이야.

『아르키메데스의 팔림프세스트』
나중에 덧쓴 기도문은 위에서 아래로 진행하고, 아르키메데스의 『방법』을 베껴서 처음에 쓰여 있던 것은 그 아래에 왼쪽에서 오른쪽으로 진행하는 것이 흐릿하게 보인다.

(위) 220만 달러에 낙찰된 『팔림프세스트』
(왼쪽) 이미징 조사로 드러난 『방법』의 내용
(출처: 월터스 박물관)

아르키메데스
Archimedes

❶『방법』의 원래 원고

❷양피지를 절반으로 잘라 가로 세로를 바꾼다.

❸글자를 지운다 (연해진다).

❹두 페이지로 나누어 새로운 내용을 덧쓴다.

가짜 왕관 사건

히에론 2세는 아르키메데스의 고향 시라쿠사를 통치했는데, 그는 아르키메데스와는 친척 관계였대. 그래서인지 히에론 2세는 아르키메데스를 믿고 의지했어. 그에 관한 유명한 에피소드 중 하나로 '황금 왕관' 사건이 있어. 히에론 2세가 금 세공사에게 순금을 주고 왕관을 만들어 달라고 했는데, 세공사가 '은을 살짝 섞어 왕관을 만들고 그 양만큼 금을 훔쳤다'는 소문이 돌았어. 그래서 히에론 2세는 아르키메데스에게 "이게 모조품이라는 소문이 있네. 왕관의 무게는 처음에 준 금의 무게와 달라지지 않았다는 건 알아냈네. 아르키메데스여, 부디 왕관을 깨지 않고 이 왕관이 순금으로 만들어졌는지 알아낼 수 있겠는가?"라고 의뢰를 했어. 아르키메데스는 어떻게 해결했을까?

해결법 1 왕관 깨기

금으로 도금했을 경우에는 왕관을 깨면 순금인지 모조품인지 구별할 수 있다. 그러나 '깨면 안 된다'라는 전제 조건이 있었기 때문에 이 방법은 쓸 수 없다.

깰까?

해결법 2 흘러넘치는 물로 재기

왕관이 모조품이라면 부피는 순금으로 만들어진 것보다 클 것이다. 아르키메데스가 욕조에 들어갔을 때 물이 흘러넘쳤다. 욕조에 들어간 자신의 부피만큼 물이 흘러넘친 것이니, 왕관과 순금을 물에 넣어 흘러넘친 부피를 비교하면 같은지 아닌지 판단할 수 있을 것이다. 이렇게 '유레카'를 외쳤다…고 하는데, 정말 이 방법으로 풀 수 있을까? 기술자이기도 했던 아르키메데스라면 표면장력이나 아주 적은 양의 물을 정확히 재는 것이 얼마나 어려운지 알았을 것이다. 이 방법으로 문제를 풀었다기보다는 이를 통해 물질의 밀도에 따라 비중이 다르다는 원리를 발견한 것으로 보인다.

유레카!

해결법 3 천칭을 써서 부피 재기

먼저 천칭으로 왕관과 순금의 무게를 재면 균형을 이룰 것이다. 다음으로 오른쪽 그림처럼 왕관과 순금을 물속에 잠기게 한다. 만약 왕관이 순금으로 만들어지지 않았다면 부피는 '왕관>순금'이기 때문에 왕관이 더 큰 부력을 받고 결과적으로 가벼워진다. 즉, 천칭이 기우는 현상을 통해 왕관에 불순물이 들어 있다는 사실을 알아낼 수 있다.

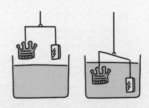

아르키메데스는 천칭의 마술사로 불리기까지 했다.

시라쿠사의 지정학

아르키메데스는 현재 이탈리아의 시칠리아 섬 시라쿠사에서 태어났어. 시라쿠사는 그리스의 식민 도시였는데, 지정학적으로 미묘한 위치에 있었어. 당시 초강대국이었던 로마와 카르타고(북아프리카, 현재의 튀니지를 기반으로 한다) 사이에 위치해 정치 환경이 요동쳤고 불안정했지.

시라쿠사는 히에론 2세의 통치 아래에서는 로마와 동맹 관계를 맺었지만, 히에론 2세가 세상을 떠난(BC 215년) 후에는 카르타고의 편에 섰어. 그래서 제2차 포에니 전쟁(로마 vs 카르타고) 때 로마군은 시라쿠사를 바다와 육지 양쪽에서 포위했어. 압도적으로 불리한 상황에서 아르키메데스는 시라쿠사를 방위하기 위해 군사적인 측면에서도 천재적인 면모를 발휘했어.

그중 하나가 도르래를 이용한 '아르키메데스의 갈고리'라 불리는 무기인데, 로마의 함선을 거대한 갈고리에 걸고 배째로 들어 올려 물에 잠기게 하는 거야. 두 번째가 지레의 원리를 활용한 거대 투석기인데, 그걸 이용해서 로마군을 덮쳤어.

아르키메데스 ● Archimedes

로마군을 곤경에 빠뜨린 아르키메데스의 거대한 갈고리

로마 군함

도르래의 원리를 활용

아르키메데스의 죽음

시라쿠사는 잘 싸웠지만 방심한 틈에 아군이 배신을 하고 로마군이 시내로 들어오면서 아르키메데스는 죽임을 당하고 말아. 그때 아르키메데스는 땅에 기하학 그림을 그리고 문제 풀기에 몰두했다고 하는데, 적에게 "그 원을 밟지 말게"라고 말했다가 죽임을 당했다는 설도 있어(아르키메데스의 최후에 대해서는 여러 가지 설이 있어). 적이 밀려들어 오는 와중에도 기하학에 몰두했다니, 참으로 아르키메데스다운 이야기야.

아르키메데스의 무덤에 그려진 도형은?

로마의 정치가이자 철학자인 키케로(BC 106~BC 43년)가 BC 75년에 시칠리아 재무관으로 부임했을 때, 아르키메데스의 무덤을 발견했대. 생전에 아르키메데스는 "부피 비로 3:2가 되는 원기둥과 구를 자신의 무덤에 새겨 달라"고 말했는데, 무덤에 그가 말한 그림이 그려져 있었다고 해.

아르키메데스의 무덤을 발견하는 키케로

'수학의 노벨상'이라고도 불리는 필즈 상 메달에는 아르키메데스의 옆모습이 그려져 있다.

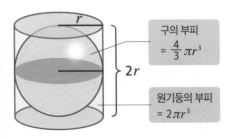

구의 부피 $= \frac{4}{3}\pi r^3$

원기둥의 부피 $= 2\pi r^3$

아르키메데스는 '원기둥:구＝3:2'의 부피 비를 좋아했다.

Hypatia

최초의 여성 수학자

히파티아

알렉산드리아의 지는 해를 상징하다

● AD 355년경~AD 415년

● **히파티아**

그리스의 수학자, 천문학자, 철학자(신플라톤주의). 히파티아는 디오판토스(3세기, 알렉산드리아)의 『산술』, 그리스 페르가의 아폴로니오스(BC 262~BC 190년경)가 쓴 『원뿔곡선론』 등을 해설했다.

이집트 알렉산드리아 도서관의 마지막 관장이었던 테온의 딸이다. 지적이며 교양 있는 여성으로 추앙되었으며 철학과 수학 강의를 했다가 이교(異敎)의 선포자라는 이유로 기독교 광신도들에게 참살 당했다.

알렉산드리아의 번성

BC 4세기. 마케도니아의 알렉산더 대왕(BC 356~BC 323년)이 세계 제국 건설을 꿈꾸며 페르시아와 인도가 있는 동쪽으로 정벌을 나서던 중에 곳곳에 자신의 이름을 딴 도시들을 세웠어. 그중에서도 이집트에 건설한 알렉산드리아는 알렉산더가 사망한 후에 제국이 분열되었는데, 이후 프톨레마이오스 왕조 이집트(BC 305~BC 30년)의 수도가 되는 등 한때 인구 100만 명이 넘는 고대 최대 도시였다고 해.

그리고 뮤제이온(뮤지엄의 어원)에 딸린 알렉산드리아 도서관에는 70만 권이 넘는 파피루스 문서가 소장되어 있었고, 아르키메데스가 경애하는 친구 코논과 에라토스테네스도 그곳에서 공부했어. 그야말로 알렉산드리아는 세계 문화의 중심이었지.

히파티아가 등장할 즈음의 알렉산드리아

그러나 아르키메데스 등이 활약하고 나서 600년 후, 알렉산드리아를 둘러싼 정세는 크게 변화했어. 먼저 이집트에서 기독교의 성장이 두드러지면서 토착인들이나 이교도들과 분쟁이 끊이지 않았어. 그리고 이집트를 총괄하는 동로마제국의 황제 테오도시우스 1세가 이집트에 있는 비기독교 종교 시설이나 신전을 파괴해도 된다고 허가한 탓에 391년에는 알렉산드리아 도서관이 기독교도들에 의해 무너져 서적들까지 훼손되는 사태가 일어났어.

인기를 얻고 반대 세력의 미움을 산 히파티아

그 당시 알렉산드리아 도서관장이자 마지막 관장인 테온에게는 히파티아라는 훌륭한 딸이 있었어. 히파티아는 수학, 천문학, 철학에 뛰어났어. 수학에서는 디오판토스의 『산술』, 아폴로니오스의 『원뿔곡선론』 등을 해설했고, 『산술』의 해설은 아라비아 원판의 일부가 지금도 남아 있다고 해.

왼쪽: 알렉산드리아 도서관 내부 상상화. 역대 관장으로는 에라토스테네스를 비롯하여 히파티아의 아버지 테온 등이 있다.

위: 현재의 알렉산드리아 도서관 (출처: Carsten Whimster)

히파티아는 신플라톤주의 철학을 내세운 학교장이 되어 수많은 젊은이들(남자)에게 플라톤이나 아리스토텔레스의 철학을 강의해 인기를 얻었어.

알렉산더가 사망한 후에 마케도니아는 프톨레마이오스 왕조의 이집트(BC 305~BC 30년), 셀레우코스 왕조의 시리아, 안티고노스 왕조의 마케도니아로 나뉘어 서로 '헬레니즘 문명'을 짊어졌어.
이 프톨레마이오스 왕조가 BC 196년에 남긴 로제타스톤은 2200년 후인 1799년에 나폴레옹이 발견하여 고대를 해석하는 계기가 되었어.

수도 알렉산드리아에는 뛰어난 학자들이 뮤제이온(지금으로 말하면 박물관)과 알렉산드리아 도서관의 문서를 구하려고 전 세계에서 수없이 몰려들었어. 아르키메데스도 그중 한 사람이었지.

히파티아 ● Hypatia

히파티아의 인기에 대한 공포와 증오

히파티아는 평생 독신으로 지냈는데, 신을 탐구하는 철학과 그 철학에 봉사하는 수학이나 천문학을 수행하느라 그랬다고 해. 그런데 그 미덕은 종파를 뛰어넘어 많은 사람들(남성들에게도)에게 지지를 받고 시민들에게 인기를 얻었대. 그러나 그러한 그녀의 존재는 기독교의 상층부와 관습에 길들여져 있던 사람들에게 공포를 심어 주었고, 결국 증오를 증폭시켰어. 게다가 히파티아가 가르치는 철학의 기반은 과학이었고 "미신을 가르치는 건 참으로 무서운 일"이라고 단언했대.

히파티아에 대한 분노 폭발

이에 기독교 광신도들은 그 분노를 폭발시키기에 이르렀어. 415년, 히파티아를 증오하는 총주교 키릴로스(376~444년)의 꾀임으로 히파티아는 기독교 광신도들에게 참살을 당했어.

이 히파티아 사건을 계기로 수많은 석학들은 이미 알렉산드리아 도서관까지 붕괴된 이곳 이집트를 떠나게 됐어. 그리고 그것은 이집트뿐 아니라 유럽 사회 전체에 기나긴 '과학 암흑기'를 예견했지.

반대 세력에게 끌려가는 히파티아

젠더 문제를 암시

히파티아는 최초의 여성 수학자이자 여성 철학자로 기억되어 성차별 이슈의 화두로 인식되는 일이 많아. 그리고 그녀의 존재는 성차별뿐만 아니라 '인종 차별'과 '비혼 차별' 등 다양한 담론을 제기해.

히파티아가 살았던 시대부터 1600년이나 지난 21세기에도 사회에서 여성이 활약하는 것에 대한 저항 세력이 존재하는 듯해. 젠더나 차별의 문제를 극복하려면 히파티아처럼 강력한 리더뿐만 아니라 그것을 강하게 응원하는 세력이 반드시 존재해야 한다는 사실을 히파티아의 삶이 가르쳐 주는 것 같아.

중세 이탈리아에서
대수학이 부활하다

유럽이 수학 공백 시대일 때 인도와 이슬람에서 새로운 발전이 있었다

고대 그리스 수학은 그 DNA가 깃들어 있는 알렉산드리아 땅에서 최후(5세기 전반기)를 맞이했어. 그 후 유럽에서는 로마 시대 내내 실용 학문을 중시했기 때문에 창의적인 수학의 발전은 맥이 끊어졌어.

다시 유럽에 수학의 불꽃이 피어나기까지 '수학 공백기'라고도 할 수 있는 700년 동안(5~12세기) 그리스 수학을 적극적으로 옮겨 들이고 번역하고 보호 발전시킨 곳이 바로 인도와 이슬람 지역이었어.

5세기, 인도에 아리아바타가 등장하다

히파티아가 사망한 후(415년), 페르시아와 인도 지역에서 처음으로 등장한 수학자 하면 인도의 아리아바타(476~550년경)를 들 수 있어.

아리아바타가 살았던 시대는 인도 굽타 왕조(320~550년경)에 해당되는데, 굽타 왕조는 유럽이나 중국과의 문화 교류를 장려한 덕분에 인도의 천문학, 수학, 화학 등이 급속도로 발전했어. 그 대표자가 아리아바타인데, 그리스의 천문학을 바탕으로 인도의 천문학과 수학의 초석을 다졌어.

아리아바타는 『아리아바티야』 『아리아시단타』라는 저서를 남겼는데, 그리스 수학을 도입해서 인도 수학을 발전시켰어. 그는 원주율을 소수점 이하 4자리까지 정확하게 계산한 최초의 수학자로 알려져 있어(아르키메데스는 3.14까지 계산해서 소수점 이하 2자리).

아리아바타의 동상

또한 일식과 월식의 원리를 밝혔고, 행성은 햇빛이 반사되어 빛이 난다고도 했어. 그래서 1975년 인도 최초의 인공위성 이름에도 '아리아바타'라는 이름이 붙여졌지.

제로(0)는 3세기~4세기에 발견했다?

인도에서 최초로 '0'이 발견(발명)되었는데, 그 시기는 정확하지 않아. 이전에는 인도의 수학자 브라마굽타가 628년에 저술한 『브라마시단타』에서 '0'을 처음으로 사용했다고 알려져 있었어. '0'은 '슈냐'라고 불렸어.

그러나 인도 괄리오르의 사원 벽에 남아 있던 '0'을 방사성 탄소 연대 측정으로 감정한 결과 3~4세기의 것으로 밝혀져, 현재는 이것을 최초의 '0의 등장'으로 보고 있어. 그 후 아라비아로 전해졌고, 알 콰리즈미의 저서가 라틴어로 번역되어 '아라비아 숫자'(정확하게는 '인도 아라비아 숫자'라고 불러야 한다)로서 전해졌다고 해.

'0'에는 두 가지 뜻이 있어. ❶ 아무것도 없다=무(無)'라는 뜻과 ❷ 수의 자리'에 쓰는 기호라는 뜻이야.

이집트에는 인도보다 4000년이나 전부터 고도의 문명이 있었고 수학도 발달했는데 왜 이집트에서는 '0'이 발견(발명)되지 않았을까? 많은 사람들이 기하학이 발전했기 때문에 '0'이 그다지 필요하지 않았을 거라 추측하고 있어. 왜냐하면 넓이 0, 높이 0 등은 기하학에서 따질 필요가 없으니까.

고대 그리스에도 '0'의 개념은 없었어. 그 배경에는 이집트와는 조금 다른 사정이 있었던 모양이야. 바로 아리스토텔레스의 철학이야. 예를 들면 '공간'에는 아무것도 없는 것처럼 보이지만 아리스토텔레스는 '자연은 진공 상태를 싫어한다'라고 주장하며 '진공'을 인정하지 않고 천공에는 에테르(빛을 파동으로 생각했을 때 이 파동을 전파하는 매질로 생각되었던 가상적인 물질)가 가득하다고 생각하여 '무(無)=0'이라는 개념을 배제했어. 또한 우주는 지구를 중심으로 한

제로
0

무(無)

수의 자리를 정할 때도 도움이 될까?

'유한의 세계'라고 생각해서 '무한＝∞'이라는 개념 역시 배제했어.

그 후 '무'(無)와 '무한'을 배제한다는 생각은 중세 유럽으로 이어져서(특히 기독교) 17세기에 이를 때까지 무와 무한에 관해 주장하는 것은 기독교에 대한 반역죄로 화형에 처해지기까지 했어. '무한소'를 연구하는 미분 적분을 17세기 후반부터 18세기에 걸쳐 뉴턴과 라이프니츠가 제창하게 된 것은 이런 사실들과 관계가 없지는 않을 거야.

6세기, 인도의 브라마굽타

5세기의 아리아바타 다음으로 나타난 사람이 앞서 얘기한 브라마굽타(598~665년?)야. 아버지는 점성술사이고 본인은 천문대장이었다는 정도만 알려져 있어. 628년에는 천문학서 『브라마시단타』를 저술하고 '0'을 소개했는데, 0÷0＝0(원래는 불규칙)으로 틀리게 설명한 부분도 있어.

또한 부정방정식(방정식의 수가 미지수보다 작은 방정식)이나 '이차방정식의 근의 공식'(아래 식)도 다뤘어. 나중에 이슬람을 통해 유럽 세계로 전해졌지.

$$ax^2+bx+c=0 \text{ 일 때, } x=\frac{-b\pm\sqrt{b^2-4ac}}{2a} \ (a\neq0)$$

브라마굽타가 활약한 시절은 『서유기』로 알려진 당나라의 현장(삼장법사)이 인도의 천축을 찾았던 시기 (629~645년)에 해당되는데, 이미 굽타 왕조는 쇠퇴하고 문화도 최후의 빛을 뿜어내던 시대였어.

9세기, 이슬람의 알 콰리즈미

인도 다음으로 수학을 이어받은 곳은 이슬람이야. 아부 압둘라 무함마드 이븐 무사 알 콰리즈미(780~850년경)는 바그다드에서 활약한 천문학자이자 수학자야.

그는 820년에 『알키탑 알묵타사르 피 히삽 알자브르 왈무카발라』라는 가장 오래된 대수학서를 썼어. 유럽에 전해졌을 때, 이 알자브르가 '알지브라'(대수학, 代數學, algebra)로 바뀌었지. 대수학은 수 대신에 문자를 사용하여 방정식의 풀이 방법이나 대수적 구조를 연구하는 학문이야. 또한 자브르에는 '뿔뿔이 흩어져 있는 것을 한데 모은다'라는 뜻이 있는데, 그것이 방정식을 계산할 때 쓰는 '이항'이라는 뜻이 되었어.

이 책은 12세기에 아라비아어에서 라틴어로 번역되어 『알고리트미 드 누메로 인도럼』으로 유럽에 소개되었고, '알고리트미=계산 순서'라는 뜻으로 널리 퍼졌어.

현재 컴퓨터 분야에서는 '계산 절차'를 알고리즘이라고 부르는데, 그 어원이 이 '알고리트미'야(알고리트미는 '알 콰리즈미가 말했다'라는 뜻).

『알고리트미』의 1페이지

11세기, 페르시아의 우마르 하이얌

우마르 하이얌(1048~1131년)은 셀주크 왕조 페르시아의 수학자, 천문학자, 의사, 시인으로 만능 학자야.

하이얌은 현재 이란 달력의 바탕이 되는 이슬람력을 만들었어. 이것은 33년에 여덟 번 윤년을 두는 것으로 1년을 365.24219858156일로 계산했어. 이는 1년을 365.2425일로 하는 그레고리력보다 정확했는데, '4년에 한 번인 윤년을 일곱 번, 5년에 한 번인 윤년을 한 번 둔다'라는 변칙 패턴이었기 때문에 보급되지는 않았던 것으로 보여.

우마르 하이얌

수학 분야에서는 삼차방정식의 일반적인 해법과 이항 전개(파스칼의 삼각형)를 제시했고, 유클리드 『원론』의 평행선 제5공준을 비판했어. 이것이 후에 유럽으로 전해져 비유클리드 기하학 발전에 공헌했다고 할 수 있지.

* * *

그 후 인도에 바스카라 2세(1114~1185년)가 나타나 이차, 삼차, 사차방정식의 해법을 제시했어. 이것이 번역되면서 다시금 유럽에 수학이 꽃을 피우고 본격적인 대수학의 막이 열렸지.

피보나치

토끼 계산의
달인?

유럽에 수학을 부활시킨 남자

● 1170~1250년경

● 레오나르도 피보나치

이탈리아의 피사에서 상인의 아들로 태어났다.

본명은 레오나르도 다 피사(피사 마을의 레오나르도)이고 흔히 '피보나치'라고 부른다. 피보나치란 '보나치(아버지의 이름)의 아들'이라는 뜻이다.

피보나치는 1, 1, 2, 3, 5…라는 독특한 수열(피보나치수열)을 소개했다. 그는 고대 수학을 되살리는 데 중요한 역할을 했고, 자신의 독창적인 계산법을 만들어 근대 과학의 기초를 이루었다.

인도 아라비아 숫자와 여행을

피보나치의 아버지 굴리엘모는 피사의 상인이었는데, 북아프리카의 부기아(현재 알제리의 베자이아)에서 장사를 했기 때문에 아들인 피보나치와 함께 북아프리카로 이주했어. 아버지가 집정관으로 임명되어서 이주했다는 설도 있어. 피보나치는 부기아에서 인도 아라비아 숫자를 배웠는데, 그 당시 유럽에서 사용되던 로마 숫자와 비교하면 숫자 체계가 매우 쉽고 계산 과정도 남는다는 장점에 매료됐어. 그 후 이집트, 시리아, 그리스를 여행하며 수학을 배우고 고향 이탈리아로 돌아온 피보나치는 1202년에 계산에 관한 책 『산반서』(Liber Abaci, The Book of Calculation)를 출판하고 좋은 평판을 얻었어.

산반서

『산반서』에서 피보나치는 0부터 9까지의 숫자와 그것을 사용한 자릿수 기수법의 이점을 소개하고, 실제로 쓸 수 있도록 부기나 이자 계산 같은 응용 사례를 소개했어. 『산반서』는 유럽 전역에서 받아들여지고 상인들에게도 큰 영향을 끼쳤어. 피보나치의 명성은 신성로마제국의 프리드리히 2세에게도 알려지게 되어 총애를 받았지. 1225년에 출판한 『제곱수에 관한 책』을 프리드리히 2세에게 바친 것은 그 때문이야.

『산반서』에는 토끼 이야기로 시작하는 피보나치수열이 유명한데, 그것 말고도 재미있는 이야기가 더 있어. 자주 출제되는 수학 문제의 원형이라고 할 수 있는데, 이런 문제야. '깊이가 50피트인 구덩이에 빠진 사자가 매일 그 구덩이를 빠져나가려고 1/7피트씩 올라 갔다가 다시 1/9피트만큼 미끄러져 떨어진다. 며칠이 걸려야 사자는 그 구덩이에서 탈출할 수 있을까?' (정답: 1,572일)

인도 아라비아 숫자 읽기와 쓰기
정수의 곱셈
정수의 덧셈
정수의 뺄셈
정수의 나눗셈
정수와 분수의 곱셈
분수와 다른 계산
삼수법, 상품의 상장
환전
합자산
혼합법
문제 해결
가정법
제곱근과 세제곱근
기하학(측량 포함)과 대수학

『산반서』(1227년 판)의 일부와 전체 구성

위 사진은 피보나치가 직접 쓴 『산반서』가 아니라 1227년에 스코틀랜드의 점성술사이자 수학자인 마이클 스콧(프리드리히 2세를 섬기던 학승)이 번역한 것이다. 스콧은 스페인의 톨레도, 이탈리아, 시칠리아 섬으로 옮겨 가 다수의 아라비아어 서적을 번역했다. 이슬람 과학(점성술 등)에 비판적이었던 시인 단테는 『신곡』에서 스콧을 '마법으로 홀리기에 도가 튼 녀석'으로 등장시켜 지옥으로 떨어뜨렸다.

'O'으로 자릿수 잡기

인도 아라비아 숫자		로마 숫자	
1	10	I	X
2	20	II	XX
3	30	III	XXX
4	40	IV	XL
5	50	V	L
6	90	VI	XC
7	100	VII	C
8	900	VIII	CM
9	1000	IX	M

피보나치 ● Fibonacci

피보나치수열의 등장

피보나치를 영원히 사라지지 않을 이름으로 만든 것은 사실 이 『산반서』에 나오는 '피보나치수열'이라 불리는 특수

한 수열이야. 고등학교 수학 시험에 자주 출제되는 수열 문제인데, 1, 1, 2, 3, 5, 8, 13, 21, 34, 55, 89…로 신기하게 배열되어 있어. 이 수열의 구조는 다음과 같이 '앞 2개 항의 합'으로 생겨.

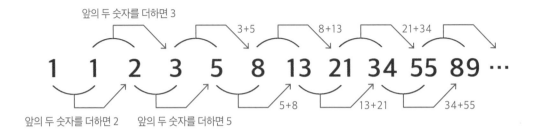

자연계에 불쑥 나타나는 신기한 수열

왜 이 수열이 주목을 받았는가 하면, 자연계의 곳곳에 불쑥 나타나는 수열이었기 때문이야. 예를 들어 느티나무의 가지는 피보나치수열대로 갈라진다고 해. 처음에 갈라진 후에 한쪽은 바로 다음으로 갈라지는데, 나머지 한쪽은 갈라지지 않아. 이를 반복하면

(출처: L. Shyamal)

또 없는지 주변을 잘 둘러봐.

피보나치수열대로 되지. 피보나치수열은 해바라기나 데이지 꽃머리의 씨앗 배치에도 존재해. 꽃머리를 유심히 보면 최소 공간에 최대의 씨앗을 배치하기 위한 최적의 수학적 해법으로 꽃이 피보나치수열을 선택한다는 것을 알 수 있지. 데이지 꽃머리에는 34개와 55개의 나선이 있고, 해바라기 꽃머리에는 55개와 89개의 나선이 있어.

정사각형을 나열해 보면

다음 페이지에서 작은 정사각형을 보면 처음에는 한 변이 1인 정사각형이 있고, 그 한 변에 맞춰서 똑같이 한 변이

1인 정사각형을 만들어. 이번에는 그들의 합계를 한 변(=2)으로 하는 정사각형을 만들어. 그리고 그것들을 한 변(=3)으로 하는 정사각형을 만들고, 또 그것들을 한 변(=5)으로 만드는 정사각형을… 이렇게 계속 만들어 나가면 이것도 피보나치수열이야.

피보나치 자신은 『산반서』에서 '토끼의 출생에 관한 수학적 해법'으로 설명했어. 피보나치수열 자체는 인도 수학자들 사이에서 6세기경부터 알려져 있었다고 하는데, 유럽에 이 수열을 소개한 사람은 피보나치가 처음이었어.

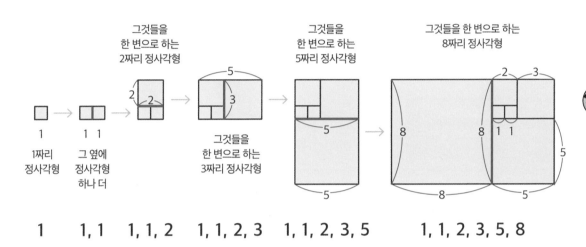

피보나치 ● Fibonacci

암수가 한 쌍인 토끼 계산 문제

『산반서』에 등장하는 유명한 토끼 계산 문제를 살펴보자. '암수가 한 쌍인 토끼가 태어나고 2개월 후부터 매달 암수 한 쌍씩 토끼를 낳는다고 하자. 토끼가 중간에 죽는 일은 없다. 갓 태어난 암수 한 쌍의 토끼는 1년 동안 토끼 몇 쌍이 되어 있을까?'

처음에 태어난 암수 한 쌍의 토끼는 2개월을 기다려야 새끼를 낳아.

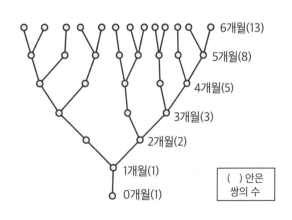

( )안은 쌍의 수

이를 그림으로 나타내면 오른쪽처럼 돼(생후 6개월 후까지 나타냈다). 1년까지 더 상세한 내용은 오른쪽 표를 참조하면 돼.

느티나무의 가지가 갈라지는 모습이나 토끼의 수, 그리고 정사각형 배열 등 생각지도 못한 곳에서 피보나치수열이 나타나. 그리고 나중에 살펴보겠지만, 수의 배열이나 비율 등을 알게 되면 더 새로운 세계가 보이게 될 거야.

	갓 태어난 암수 한 쌍	생후 1개월 된 암수 한 쌍	생후 2개월 이상인 암수 한 쌍	암수 한 쌍의 수(합계)
0개월 후	1	0	0	1
1개월 후	0	1	0	1
2개월 후	1	0	1	2
3개월 후	1	1	1	3
4개월 후	2	1	2	5
5개월 후	3	2	3	8
6개월 후	5	3	5	13
7개월 후	8	5	8	21
8개월 후	13	8	13	34
9개월 후	21	13	21	55
10개월 후	34	21	34	89
11개월 후	55	34	55	144
12개월 후	89	55	89	233

3번째마다 오는 수, 4번째마다 오는 수, 5번째마다 오는 수

피보나치수열 1, 1, 2, 3, 5, 8, 13, 21, 34, 55, 89…에는 여러 가지 비밀이 숨어 있어. 먼저 피보나치수열을 나열하고 3번째마다 오는 수를 살펴보면, 모두 '2'로 나누어떨어져. 4번째마다 오는 수는 '3'으로 나누어떨어지고, 5번째마다 오는 수는 '5'로 나누어떨어지지. 피보나치수열은 난해한 수학 이론이 아니야. 피보나치수열을 나열하고, 거기서 어떤 규칙성을 게임하듯이 찾아내는 건 누구나 할 수 있고 재미있는 일이지.

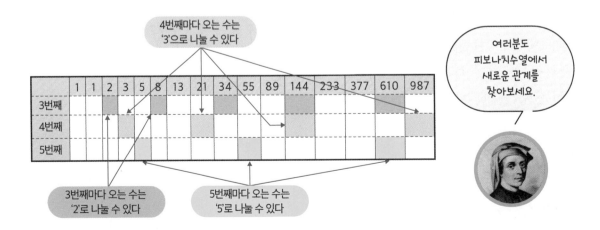

4번째마다 오는 수는 '3'으로 나눌 수 있다

3번째마다 오는 수는 '2'로 나눌 수 있다

5번째마다 오는 수는 '5'로 나눌 수 있다

여러분도 피보나치수열에서 새로운 관계를 찾아보세요.

숨어 있던 '황금비'

이번에는 피보나치수열 1, 1, 2, 3, 5, 8, 13, 21, 34, 55, 89…에서 '앞과 뒤의 숫자 비율'을 계산해 보자. 이런 식으로 말이야.

1/1=1	2/1=2	3/2=1.5
5/3=1.667…	8/5=1.6	13/8=1.625
21/13=1.615…	34/21=1.619…	55/34=1.6176…

이것을 보면 서서히 황금비(약 1:1.618…)에 가까워진다는 사실을 알 수 있어. 황금비란 $\frac{1+\sqrt{5}}{2}$로 나타낼 수 있는 비율을 말하는데, 직사각형의 가로 세로 비율이 이 황금비일 때 아름답다고 해.

쿠푸 왕의 피라미드는 밑변이 230.34m이고, 완성했을 때 높이는 146.6m였다고 하니 '폭÷높이'를 계산하면 1.571(황금비인 1.618과 0.047의 오차)이어서 황금비에 살짝 모자라. 현재의 높이는 138.5m라서 1.663(오차 0.045)이 되니까 오히려 살짝 커졌어. 그렇게 따지면 완성했을 당시와 현재의 딱 중간인 BC 270년경(아르키메데스가 태어났을 즈음)에 황금비였다고 추측할 수 있지 않을까? 지금도 황금비가 존재해. A4용지의 가로 세로 비율, 신용카드의 가로 세로 비율, 아이폰4의 가로 세로 비율도 황금비야.

피
보
나
치 ● Fibonacci

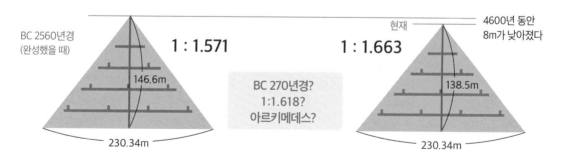

BC 2560년경
(완성했을 때)

1 : 1.571

146.6m

230.34m

BC 270년경?
1:1.618?
아르키메데스?

현재

1 : 1.663

4600년 동안
8m가 낮아졌다

138.5m

230.34m

피보나치수열의 인기

피보나치수열은 자연계뿐만 아니라 인간계에서도 인기가 있어. 세계적인 베스트셀러이면서 영화화된 『다빈치 코드』에서는 배의 열쇠를 푸는 암호가 피보나치수열이었어.

일본에서는 음양사로 알려진 아베노 세이메이의 도라지 문양이 오각성이라 불리는 펜타그램인데, 이것은 세계적으로도 '부적'으로 알려져 있어. 이 오각성에서 빨간 선÷파란 선, 파란 선÷초록 선, 초록 선÷노란 선은 모두 1,618… 즉, 황금비로 분할되어 있지.

주식 상장의 세계와 피보나치

주식 세계에는 '피보나치 되돌림(Fibonacci Retracement)'이라는 말이 있어. Retracement는 피보나치 비율(황금비율) 지점에서 되돌린다는 뜻이야. 일반적으로 주식 상장이 전체에 상승 국면, 혹은 하강 국면이더라도 그때그때 내림(눌림목)이나 올림(올림목)이 발생하고, 궤적을 지그재그로 그리면서 주가가 상승(혹은 하강)해. 이 눌림목이나 올림목이 어디서 발생하는지를 예측할 수 있으면 돈을 벌 수 있는 거지(손실을 피할 수 있다). 주식 차트를

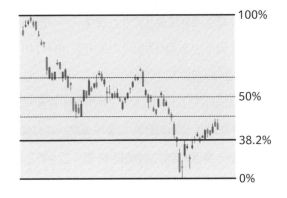

투자자들의 집단 심리를 나타낸 작품이라고 생각한다면, 황금 비율 같은 자연의 섭리가 작용하기 쉽다고 볼 수 있지. 물론 꼭 맞는다는 보장은 없지만.

고등학교 시절에 수열에 애를 먹었다 해도 사회에 나가 '주식으로 돈을 번다'는 목표를 갖고 피보나치수열을 다시 공부하는 사람도 혹시 있지 않을까?

피보나치가 남긴 말

인도인이 이용한 9개의 숫자는 9, 8, 7, 6, 5, 4, 3, 2, 1이다. 그리고 아라비아인이 제피룸(zephirum)이라고 부르는 0이라는 기호를 이용하면 어떤 숫자든지 나타낼 수 있다.

Pacioli

파치올리

소문난
일타 강사

르네상스 시대에 활약한 회계학의 아버지

● 1445~1517년경

● **루카 파치올리**

피보나치가 세상을 떠나고 200년이 흘러 르네상스 시대(1300~1600년)에 나타난 이탈리아의 수학자. 프란시스코 모임의 수도사이기도 하다. 복식 부기의 교과서 『산술집성』을 썼다고 해서 '근대 회계학의 아버지'라고도 불린다(그가 복식 부기의 창시자라는 것은 아니다). 또한 『산술집성』을 계기로 레오나르도 다빈치와도 친분을 쌓게 되었다.

파치올리의 인생

그는 이탈리아의 토스카나 지방 산세폴크로의 가난한 집에서 태어났어. 르네상스가 일어나고 경제가 한창 성장하던 시기에 파치올리는 상업과 함께 수학을 배웠어. 베네치아로 옮긴 후에 부유한 상인 롬피아시 가문에서 세 아들의 가정교사로 일했고, 산수 책도 쓰면서 생활을 이어 나갔어. 1472년에 프란시스코 모임의 수도사를 지냈고, 1477년부터는 나폴리 대학교, 로마 대학교 등에서 수학을 가르쳤어.

베네치아

로마

산세폴크로

1490년 이후에는 밀라노 스포르차 가문의 후원을 받으며 레오나르도 다빈치와 함께 기하학적인 입체 도형을 연구했어. 그리고 1494년에 수학서 『산술집성』을 집필했어. 이 책을 통해 복식 부기를 처음 학술적으로 소개했지.

화가에게 수학을 배우다

프란체스카의 <그리스도의 세례>(1450년경)
원근법을 사용

어린 시절의 파치올리에게 수학과 그림을 가르쳤던 사람은 바로 화가인 피에로 델라 프란체스카(1412~1492년)였어. 그는 파치올리와 같은 산세폴크로에서 신발 장인의 아들로 태어나 파치올리를 데리고 다녔어. 그 덕분에 파치올리는 우르비노 공작의 도서관을 쓸 수 있도록 허락받았지.

프란체스카는 미술 역사상 수학이나 기하학에 가장 정통한 화가로 알려져 있어. 왼쪽에 보이는 <그리스도의 세례>도 원근법을 사용한 그림이야. 파치올리가 쓴 수학과 관련된 저서로는 『산술론』『원근법론』『정오다면체론』이 있어.

수학서 『산술집성』을 집필하다

1494년에 파치올리는 베네치아 공화국의 출판사에서 『산술집성』을 냈어. 이 책을 집필하는 동안에 우르비노 공작의 도서관을 썼기 때문인지 책 첫머리에는 공작에게 보내는 감사의 말이 적혀 있어.

1460년대에는 구텐베르크의 인쇄술이 이탈리아로 전해졌는데, 그중에서도 베네치아의 인쇄 기술은 종이의 질이며 폰트며 전부 다 수준이 높았어.

『산술집성』의 원서명은 『Summa de arithmetica, geometria, proportioni et proportionalita』인데, 『대수, 기하, 비 및 비례 총람』이라고 번역돼. 상인들을

『산술집성』의 초판본
(출처: 엘컴 도서관(런던))

독자로 생각해서 일반적인 라틴어가 아니라 이탈리아어로 쓰였어. 그리고 1500년 이전에 금속 활자로 인쇄한 출판물을 인큐나불라(incunabula)라고 불러. 지식이 대량으로 퍼지는 시대에 접어들게 된 거야.

21세기인 지금까지도 영향을 주는 부기론

『산술집성』에서 부기론은 제1부(대수) 제9편에 나와. 베네치아의 상인이 이용했던 복식 부기를 체계화해서 소개했지. 모든 거래를 차변과 대변으로 나눴는데, 자산의 이동이나 손익 상태를 정확히 알고 장부에 기록한 내용에 실수가 없는지 체크할 수 있게 됐어. 『산술집성』 덕분에 복식 부기가 유럽 전역으로 퍼지게 되었고, 부기론 부분은 각국의 언어로 번역됐어. 그리고 21세기인 지금까지 수많은 기업들이 복식 부기를 거의 그대로 쓰고 있어.

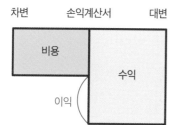

복식 부기 덕분에 잘못 기입한 걸 찾아낼 수 있잖아.

파치올리 ● Pacioli

은행원들은 당연히 알고 있다? '72의 법칙'

'72의 법칙'이라는 말, 들어 봤니? 금융업에 종사하는 사람이라면 누구나 아는 상식이라고 하는데, 파치올리의 『산술집성』에서 처음 공표했다고 해. 72의 법칙을 알고 싶으면 오른쪽을 봐.

일본에서는 버블 경제 때 연이율 7% 정도의 금리 상품이 많아져서 10년 만

원금을 복리로 운용할 때, 원금과 이자의 합계가 2배가 되기까지 걸리는 햇수는

$$\frac{72}{\text{이율}} = \text{2배가 되는 햇수}$$

예를 들어 복리가 6%면 12년, 3%면 24년, 0.1%면 720년이 걸린다.

에 예금율이 2배로 뛰었어. 그런데 지금처럼 초저금리 상황에서 금리가 0.002%라고 치면 복리가 되는 데 3만 6천 년이나 걸려. 이 법칙을 변형한 것으로는 몇 년 만에 4배가 되는지를 밝힌 '144의 법칙'이 있어.

『산술집성』 큰 호평! 다빈치와 친분까지!

파치올리는 잘 가르치기로 소문이 나서 그런지 여러 대학에서 제의를 받았고 강의도 인기가 있었다고 해. 그리고 1494년에 『산술집성』을 출판했는데, 이 책에 흥미를 가진 레오나르도 다빈치와 알게 되어 친분을 쌓고 그에게 수학을 가르치게 되었대.

그 후 파치올리가 1509년에 낸 『신성비례』(De Divina Proportione)에는 황금 비율과 원근법의 시각 예술, 건축에 응용하는 방법 등이 소개되었는데, 그런 부분들은 다빈치의 작품(다면체 그림)에도 많이 들어가 있어.

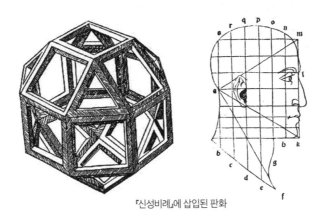

『신성비례』에 삽입된 판화

이차방정식에서 삼차, 사차로

파치올리는 『산술집성』에서 이차방정식의 해법을 소개했는데, 삼차방정식에 대해서는 일반적인 해법이 없다고 했대(실제로는 있음). 삼차방정식과 사차방정식에 대해서는 다음 페이지에서 소개할 카르다노(1501~1576년)에 기대를 걸어 보자. 파치올리는 파스칼이나 페르마보다 한발 앞서 수학 역사상 처음으로 도박을 예로 든 '확률' 문제도 소개했어.

Cardano

카르다노

삼차방정식에 이름을 남기다

● 1501~1576년

● **지롤라모 카르다노**

이탈리아 밀라노 출신의 수학자. 본업은 의사지만 점성술사, 도박사, 철학자, 발명가로도 활동했다. 의사로서는 장티푸스균을 발견하여 이름을 떨쳤고 수학에서도 『아르스 마그나(위대한 기술)』에서 삼차방정식과 사차방정식의 근의 공식을 발표했으며, 나아가 허수 개념에 도달하는 등 대수학 발전에 기여했다. 자신이 죽을 때를 예언하기도 했는데, 그 예언을 실현하기 위해 스스로 죽음을 택했다는 설이 있다.

카르다노의 자서전

카르다노는 『나의 생애』라는 자서전에서 그의 인생을 속속들이 이야기했어. 그의 아버지는 레오나르도 다빈치의 친구였고, 수학적 재능이 있던 변호사였는데, 카르다노는 그의 사생아(법률적으로 부부가 아닌 남녀 사이에서 태어난 아이)로 태어났어. 어머니는 그를 사산시키려고 했대. 그리고 그는 일곱 살이 될 때까지 영문도 모른 채 학대를 당했다고 해. 유년 시절이 그렇게 행복하지 못했지. 그의 어머니는 카르다노 외에 3명의 자식을 전염병으로 잃고, 그를 낳은 직후 밀라노에서 파비아로 이주했어.

카르다노의 자서전 『나의 생애』

다채로운 능력의 소유자 카르다노

 ## 의사 카르다노

장티푸스, 알레르기 질환 등을 발견하고 통풍 치료법 등도 확립했다. 밀라노 의사회 회장까지 역임했고 자신의 진단에 절대적인 자신감이 있었다.

 ## 발명가 카르다노

유체역학에 여러 공헌을 했고, 천체를 제외하면 영속적인 운동은 없다고 주장했다. 암호학에도 큰 영향을 미쳤다. 공학에도 재능을 보여 기계·기재의 결합을 이루는 이음매인 카르단 조인트를 만들었으며 지금까지도 쓰이고 있다.

 ## 성격

살짝 말을 더듬고 타인에게 마음을 터놓는 성격이 아니라서 친구는 적었다.

수학자 카르다노

삼차방정식, 사차방정식의 근의 공식을 직접 쓴 책에서 공표했다. 세계 최초로 '허수'의 개념을 제시했다.

 ## 도박사 카르다노

체스는 40년 이상, 주사위 게임은 25년 동안 매일 빠짐없이 해서 재산과 시간을 날렸다. 도박을 좋아해서라기보다는, 타인에게 받은 질타와 구박, 빈곤, 그리고 허약 체질 등이 그를 도박으로 내몰았다고 한다.

도박 → 확률론으로 → 파스칼, 페르마

 ## 점성술사 카르다노

자신이 태어난 날짜와 시간을 점성술로 따져 보았다. 잉글랜드 국왕에 대한 예언이 칭송을 받았다. 자신의 사망일을 예견하고 맞혔다.

 ## 기술자 카르다노

자기 현상과 전기 현상의 차이를 명확히 밝혔다.

방정식의 이종 격투기

카르다노가 살았던 16세기 유럽은 대수학이 크게 발전했던 시대이기도 했어. 그 중심에는 어려운 방정식 문제를 내고 푸는 '공개 수학 이종 격투기'가 있었어. 이기면 돈을 벌고 명성도 얻을 수 있었지. 이차방정식의 근의 공식은 이미 알려져 있었기 때문에 승부는 삼차방정식이나 사차방정식 풀기에서 결정 났어.

카르다노 타르탈리아

페로의 미발표 논문(유고)에 삼차방정식의 해법이 있었다!

삼차방정식은 이 방법으로 풀 수 있다

페로의 유고

!!

아니, 타르탈리아가 최초의 발표자가 아니라면 그와 한 약속을 지킬 필요가 없는 것 아닌가?

놀란 카르다노

괘씸한 녀석, 약속을 깨다니. 용서 못 해!

화가 난 타르탈리아

카르다노는 『아르스 마그나』를 발표했다. 삼차방정식은 페로, 타르탈리아의 업적이며 사차방정식은 페라리(카르다노의 제자)의 업적이라는 사실을 솔직하게 썼다.

HIERONYMI CAR
DANI, PRÆSTANTISSIMI MATHE
MATICI, PHILOSOPHI, AC MEDICI,
ARTIS MAGNÆ,
SIVE DE REGVLIS ALGEBRAICIS,
Lib. unus. Qui & totius operis de Arithmetica, quod
OPVS PERFECTVM
inscripsit, est in ordine Decimus.

『아르스 마그나』

지식 공개의 미덕

그 당시에는 수학 대결도 있어서 그런지 해법은 공표하지 않고 제자 한 사람에게만 전수해 주는 게 국룰이었어. 그런데 카르다노가 그걸 깨 버린 거야. 카르다노가 책을 쓴 덕분에 많은 사람들이 지식을 공유할 수 있었지.

독학의 달인

타르탈리아

갈릴레오에게 영향을 주다

● 1499~1557년

● **니콜라 폰타나(타르탈리아)**

이탈리아 브레시아에서 태어난 수학자. 영유권을 둘러싼 캉브레 동맹 전쟁(1508~1516년) 때, 프랑스군이 브레시아로 몰려들어 4만 5천 명의 주민들이 죽음을 맞았다. 그때 소년 타르탈리아는 턱과 입천장이 잘려 나가 말을 제대로 할 수 없었다. 그래서 '타르탈리아'(말더듬이)라는 별명으로 불리게 되었다. 카르다노와 타르탈리아 모두 말을 더듬었다.

노력하는 천재 타르탈리아

타르탈리아는 유럽에서 대수 방정식의 이종 격투기를 벌이던 시절에 살았던 사람이야. 타르탈리아는 교육다운 교육을 받지 못했지만, 독학으로 삼차방정식의 근의 공식을 도출해 냈어.

복원된 거대 투석기(출처: ChrisO)

탄도 계산을 주로 했던 최초의 컴퓨터 에니악(ENIAC)

그렇게 공부를 했으니 카르다노가 약속을 어겼을 때 얼마나 원통했겠어. 하지만 타르탈리아에게는 그것 말고도 큰 업적이 많아. 그중 하나가 '탄도학'이야. 탄도학은 총알, 포탄, 로켓 등의 탄도체가 발진하고, 궤도를 따라 비행하며, 비행의 최종 목표에 이르는 과정 전반에 관련된 역학이야. 탄도학은 대포가 발명되면서 같이 발전했다고 하는데, 아르키메데스의 투석기에서도 그 원형을 생각할 수 있고, 20세기의 컴퓨터 에니악(ENIAC)도 탄도 계산을 주목적으로 개발되었어.

탄도학의 시조?

타르탈리아는 45도로 대포를 쏘면 비거리가 가장 길다는 사실을 알고 있었는데 그 이론을 제자인 리치에게 전수했고, 또 리치를 통해 갈릴레오 갈릴레이에게 전해졌다고 해. 그런 의미에서 갈릴레오의 역학은 타르탈리아가 물려준 것이라고도 할 수 있겠지.

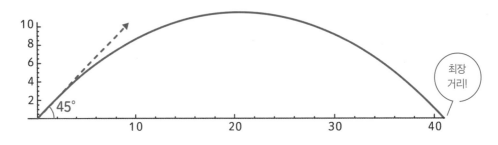

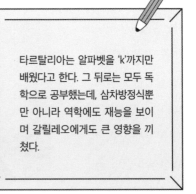

타르탈리아는 알파벳을 'k'까지만 배웠다고 한다. 그 뒤로는 모두 독학으로 공부했는데, 삼차방정식뿐만 아니라 역학에도 재능을 보이며 갈릴레오에게도 큰 영향을 끼쳤다.

제 **3** 장

우연?
확률을 생각한
천재들

수학의 무대는 이탈리아에서 프랑스로

좌표를 발명한 데카르트

고대 그리스에서 시작된 수학의 무대는 알렉산드리아를 거쳐 아라비아로 옮겨 갔고, 700년이라는 시간이 지나 피보나치와 파치올리의 손에 닿아 이탈리아로 돌아왔어. 그 후에도 타르탈리아나 카르다노가 방정식의 근의 공식을 둘러싸고 다툼을 벌이느라 수학의 중심이 이탈리아에 있었지만, 카르다노가 세상을 떠난 후에 새로운 무대가 마련되었어. 이탈리아 반도에서 처음으로 프랑스로 옮겨 간 거지.

프랑스에는 데카르트, 파스칼, 페르마, 메르센 등 뛰어난 수학자들이 기다리고 있었어. 그들이 이루어 낸 수학사의 업적은 무엇일까?

첫째로 데카르트는 기하학과 대수학을 잇는 '좌표'를 발명했어. 컴퍼스와 자를 사용해서 도형을 그리고, 길이나 넓이를 구하는 것이 기하학이야. 그리고 카르다노 같은 수학자들이 눈을 벌겋게 뜨고 다투었던 방정식의 근이 바로 대수학이지. 사람들은 이 기하학과 대수학을 두고 '공통점이란 눈을 씻고 찾아봐도 없다'고 여겼는데, 데카르트가 '좌표'라는 하나의 도구 위에 정리한 거야. 이게 바로 데카르트가 남긴 가장 큰 공적이지.

파스칼, 페르마, 메르센이 시동을 걸다

파스칼과 페르마는 둘 다 '확률'이라는 새로운 수학의 지평선을 열었어. 우연에만 의존하는 것처럼 보였던 확률을 수학의 세계로 처음 끌고 들어온 거지.

확률이 등장한 배경에는 아름다운 순수 수학이나 고매한 철학 이론 같은 건 없었어. 대신 파스칼의 친구 드 메레가 갖고 온 도박에 관한 골치 아픈 상담이 발단이었어. 이때 파스칼이 페르마와 편지를 주고받으면서 '확률'이 태어났지. 참고로 페르마의 업적으로 '페르마의 마지막 정리'도 있어.

생각하는 갈대

파스칼

$x^n + y^n = z^n$

(2, 1)

데카르트 메르센 페르마

메르센은 어떨까? 그에게도 '메르센 소수'라는 공적이 있지만, 그가 해낸 역할과 존재 의의는 그보다 훨씬 커. 그건 데카르트, 파스칼, 페르마 등 당시 수학자들을 연결하는 '매개체' 역할을 한 거야. 메르센은 프랑스를 중심으로 한 유럽의 수많은 수학자들의 생각을 편지 형태로 정리해서 의견을 교환하는 데 적극적이었어. 요즘으로 따지자면 '이메일 플랫폼'의 창시자라고 해도 될 정도지. 이사를 자주 다녔던 데카르트의 거처를 항상 파악하고 있던 사람은 메르센뿐이었고, 평생 시골에서 살았던 페르마도 메르센 덕분에 많은 수학자들과 교류할 수 있었어.

이탈리아에서 프랑스로

이탈리아는 로마 교황의 통치 아래에 있었고, 조르다노 브루노의 화형을 필두로 종교계가 과학을 억압하면서 수학의 자유로운 숨결도 사라지기 시작했지. 그와 반대로 프랑스에서는 부르봉 왕조가 중상주의로 부를 쌓고, 대외적으로는 영토 확장 정책을 취하면서 절대 왕정의 전성기를 맞이하려 하고 있었어.

이렇게 수학은 이탈리아에서 프랑스로 이동했어. '나라의 기세와 수학이 무관하다'라고 말하기는 어려워 보여.

데카르트

생각하는
수학자

대수와 기하를 연결해 준 남자

● 1596~1650년

● **르네 데카르트**

프랑스의 철학자이자 수학자.

아버지는 프랑스 국왕의 평의원으로 법조계에 종사했으며 유복
한 가정에서 태어났다.

데카르트는 『방법서설』에서 '수학에는 철저하게 정밀한 고안력이
있다' '무엇보다 수학을 좋아한다. 논거의 확실성과 명증성 때문
이다'라며 자신이 수학에 얼마나 빠져 있는지 보여 줬다. 좌표를
발견해서 대수학과 기하학을 연결하는 데 기여했다.

데카르트가 남긴 유명한 말

"나는 생각한다. 그러므로 나는 존재한다." 1637년에 출판
된 『방법서설』(Discours de la méthode, 방법에 대한 담론)에서
했던 말이야. 비록 세상 모든 것을 의심하고 자신의 존재까
지 의심스럽다 해도 그렇게 의식하고 있는 '나'만은 그 존재
를 의심할 수 없다는 뜻이지. 신앙으로 진리를 얻는 것이
아니라, 이성으로 진리를 추구하려는 사고방식이야. 그 때
문에 데카르트는 '근대 철학의 아버지'라고 불리게 되었어.

내가 살던 시대의
학술서는 보통
라틴어로 썼는데,
나는 『방법서설』을
프랑스어로 썼어.

자는 게 제일 좋아

지적 호기심은 왕성했지만 어릴 적부터 몸이 약했던 데카르트에게 라플레슈의 왕립 학교(데카르트가 10~18세일 때) 교장은 '아침에는 마음껏 자도 좋고, 교실에 나오지 않아도 좋다'고 특별히 허락해 줬어. 데카르트는 늦잠 자는 습관을 계속 이어 갔고, 그 시간이 데카르트에게는 사색의 원천이 되었지. 평생의 친구인 수학자 메르센과는 라플레슈에서 만났는데, 이후 데카르트가 수학자와 편지를 주고받을 때 메르센이 중간에서 도와주었어.

라플레슈

해가 중천에 떴어~

데카르트가 라플레슈에서 얻은 것은?

낮까지 푹 자는 습관 (사색의 원천이 되다)

평생의 친구 메르센과의 만남

데카르트

메르센

데카르트 ● Descartes

검술의 달인으로 성장한 데카르트

데카르트는 라플레슈를 졸업한 후, 그리스 수학(기하학)에 매진했는데, 점점 몸이 건강해지면서 펜싱을 시작했어. 그 후 파리로 옮겨 술과 도박에 빠졌는데, 펜싱 실력을 시험하겠다며 군대에 들어가 보헤미아의 수도 프라하의 공방전 등에도 참가했어. 그 후 우연히 옛 연인을 만났는데, 그녀의 구혼자에게 결투 신청을 받았고 데카르트의 검이 상대방을 압도했다고 해(죽이지는 않았음).

난 생각보다 강하네.

이사를 자주 했던 데카르트

에도시대 말기의 화가 가츠시카 호쿠사이는 일생 동안 93번이나 이사를 했다고 알려져 있는데, 데카르트도 호쿠사이에게 지지 않을 만큼 이사를 많이 했어. 라플레슈를 졸업하고 파리에서 몇 번이나 이사를 다녔는데, 군대를 제대한 후에도 가톨릭

이 우세하던 프랑스가 싫어서 네덜란드로 이주하기도 했고, 갈릴레오의 재판 소식을 듣고 거처를 10번 이상 바꿨대(도망). 이는 데카르트가 '태양 중심의 행성 운동'을 기술한 책 출간을 앞두고 있었기 때문이라고 해.

『방법서설』로 단숨에 명성을 얻다

1637년에 나온 『방법서설』은 기존의 권위를 부정하고 '진리를 찾기 위한 방법'을 설명한 책인데, 유럽 전역에서 크게 유행했어. 그 유명한 "나는 생각한다. 그러므로 나는 존재한다"는 데카르트가 도달한 사상적 독립선언문으로 여겨지고 있어. 그런데 영광의 데카르트

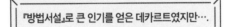

『방법서설』로 큰 인기를 얻은 데카르트였지만….

『방법서설』의 표지

에게 어두운 그림자가 드리우기 시작했어. 무신론자라며 비난을 받고 고발을 당해 패소를 한 거야. 프랑스와 네덜란드에서 살 곳을 잃게 된 데카르트는 마지막 땅으로 향했어.

천장에 앉은 파리가 '좌표'를 만들었다!?

데카르트는 천장에 앉은 파리를 발견하고 파리의 위치를 나타낼 방법을 찾다가 '좌표'를 생각해 냈다고 해. 파리 이야기는 후세에 만들어 낸 이야기일 가능성이 높지만 x축, y축이라는 두 축으로 위치를 나타내는 좌표의 발견은 '수학 혁명'이라고도 할 수 있을 만큼 획기적이었어.

그는 인간의 몸의 작동을 기계의 작동과 대비해서 설명한 『인간론』을 썼고, 이 책을 쓰기 위해서 동물과 인간을 해부해 관찰했으며, 뇌에 대한 최신 이론을 이용해서 뇌 속에 있는 송과선이라는 작은 조직이 육체와 영혼의 접점으로 기능한다고 주장하기도 했어. 그런데 근대 철학의 아버지 데카르트와 비교해 볼 때, 이러한 '과학자로서의 데카르트'는 대중에게 널리 알려지지 않았지.

데카르트 ● Descartes

'좌표'가 기하학과 대수학을 연결해 주었다!?

좌표를 발견한 것이 왜 획기적인 일일까? 그때까지 수학 하면 도형을 다루는 '기하학'과 이차방정식이나 삼차방정식 등을 다루는 '대수학'으로 나뉘어 있었고, 각각 다른 수학으로 간주했어.

그런데 좌표 위에 원이나 직선 등을 그리고(기하학), 그것들을 수식으로 나타내면서(대수학) 두 수학 분야를 융합시키는 데 성공한 거야. 이걸 좌표 기하학 혹은 해석 기하학이라고 불러.

요약하면, 좌표를 써서 도형을 수식으로 나타내

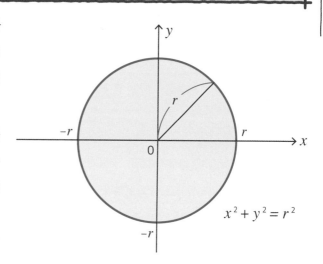

$$x^2 + y^2 = r^2$$

고, 대수적인 계산으로 기하학 문제를 처리하게 되었다는 거지. 그러니까 반지름이 r인 원에서 그 중심이 원점 O에 있을 때, 그건 앞의 그림처럼 나타낼 수 있어. 이걸 대수적으로는 오른쪽 아래 식처럼 $x^2+y^2=r^2$로 나타낼 수 있어. 직선은 일차방정식으로 나타내고, 곡선은 이차방정식이나 삼차방정식 등으로 나타낼 수 있어. 더 발전해서 적분을 사용하면서 곡선의 넓이도 쉽게 계산할 수 있게 되었지. 지금은 당연하게 좌표를 쓰고 있지만, 이건 수학을 크게 발전시키는 원동력이 된 도구의 탄생이라고 할 수 있어.

죽음을 부른 초대

스웨덴의 젊은 여왕 크리스티나는 여러 언어를 구사할 수 있었고 문학과 예술에 조예가 깊어서 유럽 대륙의 철학자 데카르트에게 심취했어. 그래서 데카르트에게 가정교사로 스웨덴에 와 달라고 1641년부터 세 번이나 요청했는데, 그때마다 데카르트는 정중히 거절했어. 하지만 군함까지 보내는 정성을 보고 데카르트도 차마 뿌리치지 못하고 크리스티나의 요청을 받아들였어. 이 일이 데카르트의 목숨을 앗아가리라고 그때는 생각하지 못했지만.

맨 왼쪽에 있는 사람(까만 옷)이 크리스티나, 맨 오른쪽이 데카르트

혹독한 추위 속에 새벽 5시 강의

데카르트는 크리스티나의 과외 교사로 1649년 10월에 스웨덴으로 갔는데, 이듬해인 1650년 1월부터 크리스티나는 데카르트에게 매일 아침 5시부터 6시까지 강의를 하도록 요구했어. 오전 11시가 되어야 겨우 침대에서 일어났던 데카르트는 스웨덴의 한겨울 추위를 견디지 못하고 그다음 달인 2월 11일에 세상을 떠났어.

남장 여왕 크리스티나

크리스티나(1626~1689년)는 어릴 때부터 털이 많고 목소리가 굵어서 남자아이로 오해받을 정도였는데, 어머니가 왕자를 열망했던 이유도 있던 탓인지 왕자처럼 자랐어. 그래서 인형 놀이나 예쁜 옷에는 흥미를 보이지 않았고 대신 검술이나 승마를 배웠지. 아버지를 일찍 여의고 5살에 즉위(재위: 1632~1654년)한 후에도 남장을 했던 시기가 있었다고 해.

왕으로서는 프랑스나 영국과 제휴 동맹을 맺고 유럽 내에서 스웨덴의 지위를 안정시키는 등, 정치적 수완을 발휘했어.

하지만 종교적으로는 프로테스탄트와 가톨릭과의 융합을 이루는 데 성공하지 못했고, 프로테스탄트주의인 스웨덴 정부와 마찰이 생겨 고민에 빠지게 돼. 그때 크리스티나는 20대 후반에 왕위를 사촌인 카를 10세에게 넘기겠다고 결의했고(1654년), 퇴위 후 바로 가톨릭으로 개종했어. 그 후 주로 로마에 살면서 학문과 예술을 즐기며 인생을 보내다 로마에서 세상을 떠났어.

역사에 '만약'이라는 말은 존재하지 않지만, 만약 크리스티나가 퇴위한 후에 따뜻한 로마로 데카르트를 불러 오후에 강의를 하게 했다면 어땠을까? 데카르트의 인생은 다르게 전개되지 않았을까?

남장을 하고 말을 탄 크리스티나 여왕

Pascal

파스칼

데카르트의 라이벌?

도박 상담에서 시작한 확률

● 1623~1662년

● **블레즈 파스칼**

프랑스의 철학자, 수학자, 기독교 신학자. 주요 저서로는 사후에 편찬된 『팡세』가 있다. 아버지는 세무 행정관이었다. 누이동생인 자클린(시인, 수녀)과 사이가 매우 좋았고, 파스칼의 천재적인 모습을 기록했다.

● **파스칼에서 유래한 말**

파스칼의 원리(물리), 파스칼의 삼각형(수학), 파스칼 라인, 파스칼의 정리 등이 있다.

『팡세』에 나온 말

"인간은 자연 중에서 가장 연약한 하나의 갈대에 불과하다. 그러나 그것은 생각하는 갈대다." −인간은 사고를 하는 위대한 존재라는 뜻

"클레오파트라의 코가 조금만 낮았더라면 세계의 역사는 바뀌었을 것이다." −사소한 원인(코)으로 큰일이 결정된다는 말의 비유

"사람은 우주의 영광인 동시에 쓰레기다." −파스칼이 생각한 사람의 정의

똑똑히 생각하거라. '생각'은 인간만 할 수 있는 일이니 말이다.

생각해라!!

신동 파스칼

파스칼은 어릴 적부터 신동의 모습을 발휘했어. 고작 열 살에 삼각형의 내각의 합이 180도라는 사실(가장 오래된 수학자 탈레스가 증명)을 증명해 냈지.

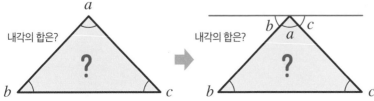

그리고 다음 수열의 합을

$$1 + 2 + 3 + \cdots\cdots + n = \frac{n(n+1)}{2}$$

로 구할 수 있다는 사실도 발견했어. 파스칼처럼 신동으로 칭송받았던 가우스(1777~1855년)도 초등학생 때 수열의 합을 구했어(수열 이야기는 '가우스' 부분에서 직관적인 증명을 하기로).

가우스, 같은 신동 대접을 받고 있지만 자네는 나보다 150년이나 늦게 겨우 깨달은 모양이군.

선배님! 그런데 저는 그때 초등학교 저학년이었답니다.

파
스
칼
● Pascal

수학자 파스칼의 스승

파스칼 하면 "인간은 생각하는 갈대다"라는 이미지가 강해서 그런지 철학자로 생각하기 쉬운데, 사실 대단한 '수학자'이기도 해. 파스칼은 16세(1640년)라는 젊은 나이에 『원뿔곡선시론』을 발표했어. 이건 파스칼에게 수학의 스승이라고도 할 수 있는 데자르그(1591~1661년: 프랑스)가 1639년에 발표한 논문에 파스칼이 크게 자극을 받고 집필한 것이라고 해. 데자르그의 연구는 비유클리드 기하학으로 이어지는 새로운 수학 개념인데, 파스칼과 데카르트, 페르마 등 소수의 사람들만 이해했어.

파스칼의 삼각형

$(a+b)^2$을 전개하면 $a^2+2ab+b^2$이 돼. 계수(a나 b 앞에 있는 수)는 1, 2, 1이야. $(a+b)^3$은 $a^3+3a^2b+3ab^2+b^3$이 되고, 계수는 1, 3, 3, 1이야. 그럼 $(a+b)^4$는? $(a+b)^5$는?

이렇게 $(a+b)^n$이라는 형태는 'a와 b의 이항'이기 때문에 이항정리라고 부르고, 그 계수는 오른쪽 그림처럼 삼각형으로 나타낼 수 있어.

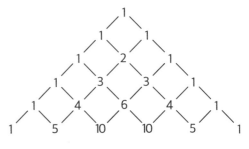

파스칼의 삼각형

파스칼은 1655년에 발표한 『산술 삼각형에 관한 논문』(raité du triangle arithmétique)에서 이 삼각형에 대해 언급했는데, 후세에 '파스칼의 삼각형'으로 불리게 되었지만 사실 이 삼각형은 파스칼이 제일 처음 고안한 건 아니야.

11세기에 중국의 가헌과 13세기에 양휘도 발견했고, 이란에서는 '하얌의 삼각형', 이탈리아에서는 '타르탈리아의 삼각형'이라 불렸어.

반드시 처음에 발견한 사람의 이름이 후세에 남는다고는 할 수 없지.

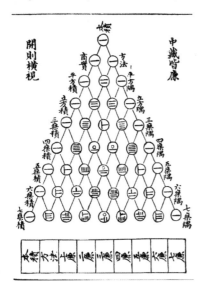

중국판 파스칼의 삼각형

사실은 내 아이디어일세.

그 삼각형은 내가 먼저 발견했소.

후세 사람들이 붙인 거지 나에게는 책임이 없소.

확률은 도박에서 시작했다!

1652년 어느 날, 친구인 드 메레(본명은 앙투안 공보)가 파스칼에게 상담을 했어. "A와 B가 내기를 했는데, 3승을 먼저 한 사람이 건 돈을 모두 차지하기로 했다. A가 2승을 하고 B가 1승을 한 상태에서 중간에 게임을 그만둬야 하는 상황이 생겼을 때, 돈을 어떻게 나누는 것이 공평할까?"

파스칼은 친구 페르마에게 물어보기로 했어.

A와 B 둘의 실력을 엇비슷하다고 가정하면 다음에 A가 이길 확률은 1/2이고, 이때 3승 1패가 되면서 A가 승리하게 돼. 하지만 B가 이기면 둘은 2승 2패야.

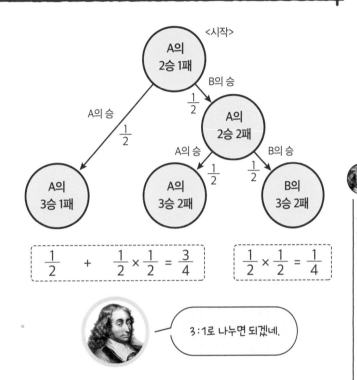

$$\frac{1}{2} + \frac{1}{2} \times \frac{1}{2} = \frac{3}{4}$$

$$\frac{1}{2} \times \frac{1}{2} = \frac{1}{4}$$

3:1로 나누면 되겠네.

파스칼 ● Pascal

마지막 게임에서 A가 이길 확률은 1/2, B도 1/2. 그러면 위의 그림과 같이 A가 이길 확률은 3/4, B는 1/4이니까 건 돈의 3/4을 A가, 1/4을 B가 받는 '3:1'이 타당해.

확률은 도박에서 시작됐다.

파스칼과 페르마는 드 메레의 이야기를 듣고 '다음에 이길 사람은 서로 1/2'이라는 합리적인 판단을 함으로써 '확률'이라는 개념을 만들어 냈어.

파스칼이 데카르트를 싫어했다고?

파스칼과 데카르트는 거의 같은 시대에 활약했던 프랑스인이야(데카르트가 27살 정도 더 많다). 그런데 파스칼은 나이가 더 어린데도 '나는 데카르트를 용서할 수 없다'(『팡세』에서)며 미워했어. 왜 그랬을까? 데카르트는 합리주의자이자 무신론자로 보였던 것과 달리 파스칼은 엄격한 기독교 옹호론자였던 이유가 크다고 해.

또한 데카르트는 현대의 관점에서 보면 '무슨 일이든 인과 관계가 있다'라며 증거를 중시했던 반면, 파스칼은 '모든 것이 인과 관계에 기한다고는 할 수 없고, 우연도 좌우한다'라는 입장이라서(확률적이라고도 할 수 있을까?) 마치 물과 기름의 관계였다고 볼 수 있지.

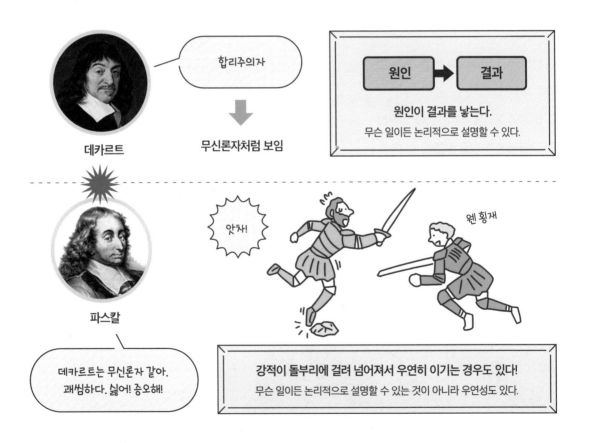

합리주의자

데카르트

무신론자처럼 보임

원인 ➡ 결과

원인이 결과를 낳는다.
무슨 일이든 논리적으로 설명할 수 있다.

파스칼

데카르트는 무신론자 같아.
괘씸하다. 싫어! 증오해!

앗차!

웬 횡재

강적이 돌부리에 걸려 넘어져서 우연히 이기는 경우도 있다!
무슨 일이든 논리적으로 설명할 수 있는 것이 아니라 우연성도 있다.

『팡세』 비하인드

『팡세』에는 "인간은 생각하는 갈대다" "클레오파트라의 코가 조금만 낮았다면 세계의 역사는 바뀌었을 것이다" 같은 함축적인 말이 흩뿌려져 있어. 그런데 『팡세』는 1670년에 출판되었어. 뭔가 이상하지 않아? 파스칼은 1662년에 사망했거든.

사실 『팡세』는 파스칼이 생전에 써 둔 초고와 단편적인 글들을 파스칼이 세상을 떠난 후에 유족들이 엮은 책이야. 그래서 내용이 부드럽게 연결되지 않아. 이것이 『팡세』를 읽기 힘들게 만드는 이유 중 하나지.

기독교를
수호하려는 생각

『팡세』는
파스칼 사후에
출간되었다.

그리고 『팡세』는 기독교를 지키려는 마음을 베이스로 하고 있어서 좀 더 난해하게 느껴져.

그런데 이러한 형태로 『팡세』가 만들어지면서 생긴 장점도 있어. 만약 예정대로 파스칼의 손에서 출판되었다면 '생각하는 갈대'나 '클레오파트라의 코' 같은 실제적인 교훈은 포함되지 않았을지도 몰라. 왜냐하면 『팡세』의 정식 제목인 『종교 및 다른 몇몇 문제에 관한 파스칼의 이런저런 고찰』만 봐도 기독교를 수호하는 것이 주제였거든.

제목 뒤에는 '이런저런 고찰'이라는 말이 붙어 있어. 파스칼은 기회만 생기면 마음에 떠오른 인생의 온갖 문제에 대한 처방전을 적어 내려갔고, 그것을 엮은이가 재미있다고 느껴서 책에 포함시켰기 때문에 지금 우리가 흥미롭게 읽을 수 있는 거야. 그렇지 않았다면 '데카르트를 용서할 수 없다'라는 파스칼의 속마음은 후세에 전해지지 않았겠지.

Fermat

증명을 남에게
미루다?

페르마

이 책의 여백은 증명하기엔 너무 좁다!

● 1607~1665년

● **피에르 드 페르마**

프랑스 보몽드로마뉴에서 태어났다. 세계 최고의 아마추어 수학
자로 불린다. 청원 위원을 거쳐 평생 칙선 위원으로 일했다. 재판
관도 겸임했다.

페르마는 정리를 생각해 내면 스스로 증명하지 않고 다른 수학
자에게 증명을 맡기는 버릇이 있었다. 대부분은 나중에 증명이
됐지만, 마지막까지 남은 것이 '페르마의 마지막 정리'였다. 그 정
리는 중학생들도 이해할 수 있는 간단한 것이었는데….

성장 과정

아버지가 부유한 가죽 상인이었던 덕에 페르마는 툴루즈 대학에 진학할 수 있었어. 페르마가 태어난 해는 그의
묘비명 때문에 '1601년'으로 알려져 있는데, 2001년이 되어서야 그것이 요절한 형인 피에르(Plere: 페르마의 철자는
Plerre라서 r이 하나 더 있다)의 묘였다는 사실이 밝혀지면서 페르마의 출생 연도는 1607년으로 정정되었어. 하지만
며칠에 태어났는지는 아직도 확실하지 않아.

어머니의 사촌과 결혼해 슬하에 세 아들과 두 딸을 두었고 평온한 인생을 살았어.

페르마의 본업

페르마는 '아마추어 수학의 대가'라고 불리는데, 수학으로 생계를 유지하기가 힘든 시대라서 그는 공무원에 뜻을 두었어. 1631년에 툴루즈의 청원 위원으로 임명되었고, 이후 평생 칙선 위원으로 뽑혀 재판관까지 겸임했어. 영국에서 온 수학자도 만나지 못할 정도로 바빴다고 해.

청원 위원은 툴루즈 사람들의 바람과 청원을 왕에게 전하거나 왕의 지령을 민중에게 알리는 일을 했는데, 파리와 지방을 연결하는 파이프 역할이었어. 그리고 재판관으로서는 한 승려를 유죄 선고해서 화형에 처한 적도 있다고 해.

페르마 ● Fermat

1652년, 페스트로 세상을 떠나다?

당시 프랑스는 실크로드를 통해 퍼진 페스트(흑사병)로 몸살을 앓고 있었어. 페르마의 윗사람들도 잇따라 페스트로 쓰러졌고 페르마도 1652년에 페스트에 걸려 '사망했다'라는 오보까지 나왔어. 페스트로 인해서, 많은 유대인들이 유럽에서 핍박을 당했어. 다른 인종들은 모두 흑사병에 걸려서 죽어나가는데, 유대인들은 잘 걸리지 않았기 때문이지. 병리학자들은 유대인들이 율법적으로 손을 자주 씻기 때문에 병에 잘 걸리지 않았을 것으로 추정해. 유대인들이 병을 퍼뜨렸다는 소문이 돌았는데, 그것으로 인해서 유럽에서 유대인 학살이 일어나고 유대인 혐오가 극에 달했어.

눈에 띄지 않는 전략이 '수학의 시간'을 만들었다

무서운 것은 페스트뿐만이 아니었어. 사람이 제일 무서웠지. 후세의 프랑스 혁명(1789~1794년) 때 수학자가 정치와의 거리를 잘못 잡았다가 인생이 좌우된 것처럼, 사실상의 재상이었던 리슐리외(1585~1642년)에게 미움을 받으면 아무리 공무원이라고 해도 무사하지 못했지. 페르마는 적극적으로 정치에 가담하는 대신 눈에 띄지 않는 전략을 취했던 덕분에 취미인 수학에 쏟는 시간을 만들어 낼 수 있었어. '아마추어 대가'의 길을 걷게 된 거지.

수학에 공헌한 페르마의 업적은 3가지를 들 수 있어. 첫 번째는 파스칼과 의견 교환을 하면서 '확률론'을 만들어 낸 것. 두 번째는 '무한소 미적분'(뉴턴보다 먼저), 세 번째는 그의 이름을 영원히 남기게 된 '수론'의 세계야.

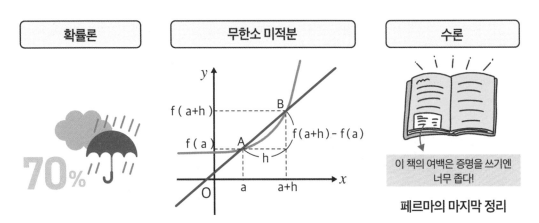

확률론

무한소 미적분

수론

이 책의 여백은 증명을 쓰기엔 너무 좁다!

페르마의 마지막 정리

증명을 싫어했던 페르마

페르마에게는 난처한 버릇이 있었어. 그건 수학에서 정리를 발견해도 거의 증명을 하지 않았다는 거야. 그 이유 중 하나는 증명에 시간을 빼앗기는 게 싫었기 때문이야. 완벽하게 증명을 하려면 시간이 걸리잖아. 거기에 시간을 뺏길 바엔 차라리 다른 새로운 정리를 생각하는 게 좋다는 입장이었어. 그리고 증명을 발표하면 다른 학자들이 낱낱이 파헤쳐 지적하니까 대응하는 데도 힘이 많이 들지.

또한 다른 수학자에게 자신의 정리를 보내고서는 증명할 수 있겠냐며 도발하는 버릇도 있었대. 그래서 메르센은 '증명을 밝히라'고 잘 타일렀는데, 데카르트 같은 사람은 '허풍쟁이'라며 분노했다는 일화가 있어.

이런 허풍쟁이 같으니!

데카르트

버릇없는 페르마!

다른 수학자

이 책의 여백은 증명을 쓰기에 너무 좁다!

그렇게 증명을 싫어했던 페르마가 3세기의 디오판토스가 지은 『산술』 여백에 "이 책의 여백은 증명을 쓰기에 너무 좁다"라는 말을 남겼어.

'$n \geq 3$인 정수일 때, $x^n + y^n = z^n$'을 만족하는 자연수 그룹은 존재하지 않는다'라는 정리를 할 예정이었는데, 이것을 '페르마의 마지막 정리'라고 해.

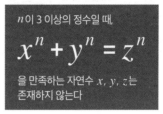

n이 3 이상의 정수일 때,

$$x^n + y^n = z^n$$

을 만족하는 자연수 x, y, z는 존재하지 않는다

(좌) 페르마의 마지막 정리
(우) "이 여백은 증명을 쓰기에 너무 좁다"라는 메모가 있는 디오판토스의 『산술』(1670년 판)

페르마 ● Fermat

페르마의 마지막 정리의 의미

마지막 정리의 의미 자체는 간단해. 예를 들어 $n=1$일 때는 선분을 x, y로 나누면 전체가 z이고 $x+y=z$가 성립해. x와 y의 수를 변경하면 x, y, z의 조합은 무한히 나와.

$n=2$일 때는 피타고라스의 정리에 해당해.

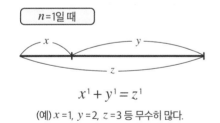

$n=1$일 때

$$x^1 + y^1 = z^1$$

(예) $x=1$, $y=2$, $z=3$ 등 무수히 많다.

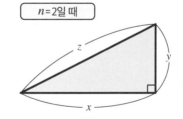

$n=2$일 때

$$x^2 + y^2 = z^2$$

피타고라스의 정리
(예) $x=3$, $y=4$, $z=5$ 등

페르마의 마지막 정리란 $x^n + y^n = z^n$에서 n이 3 이상이 되면 그것을 만족하는 정수의 조합은 존재하지 않는다는 것이었어. 증명은 페르마의 예상으로부터 350년이 지난 1995년에 미국의 앤드류 와일즈가 완성했어. 와일즈의 증명은 널리 알려졌고 여러 책과 텔레비전 프로그램에서 소개되었어.

메르센은 17세기의 커뮤니케이터

메르센(1588~1648년)은 프랑스의 수학자로 '메르센 수'로 알려졌는데, 수학자와 수학자를 맺어 주는 17세기의 커뮤니케이터 역할을 했다는 점이 큰 특징이야.

21세기인 현재, '과학 커뮤니케이터'라 불리는 사람들이 활약하고 있어. 과학관 같은 곳에 가면 과학 커뮤니케이터들은 일반인이나 어린이들에게 전시물의 과학적 내용을 알기 쉽게 설명해 주잖아. 과학 커뮤니케이터 유튜버들도 많이 나오고 있어. '최첨단 과학'과 '일반인' 사이를 연결해 주는 '징검다리' 같은 역할을 하는 거지.

메르센은 수학자와 수학자 사이를 중개하는 역할을 했어. 17세기 프랑스에는 수학자가 모이는 장소가 파리 정도밖에 없었는데, 파리의 수학계는 철저한 비밀주의였어. 그 원인 중 하나로는 예전에 이탈리아의 타르탈리아가 카르다노에게 '공표하지 않겠다'라는 약속을 받고 삼차방정식의 해법을 알려 줬는데, 카르다노가 그 약속을 어기고 저서 『아르스 마그나』에 발표했던 것이 큰 상처로 남아 있었기 때문이야.

하지만 메르센은 '서로 의견을 교환하고 정기적으로 모임을 가져 공유하는 것이야말로 수학을 발전시키는 원동력이 된다'라고 생각했어. 그래서 수학자들끼리 적극적으로 편지를 교환하게 하고 페르마처럼 시골에서 나올 일이 없었던 아마추어 수학자와도 의견을 교환해서 발표하게 했어.

그런데 받은 편지를 본인 허락 없이 공개해서(교회의 분노를 살 법한 데카르트의 편지도 발표) 수학자들에게 공격을 받는 일도 종종 있었어. 그가 세상을 떠난 후에 그의 방에서는 78명이나 되는 수학자들의 편지들이 발견되었다고 해. 이런 형태로 수학을 발전시킨 사람도 있었다는 사실!

제 4 장

미분과 적분의
시대

우주는 수식으로 움직이고 있었다!

갈릴레오의 역학

16세기에 갈릴레오, 코페르니쿠스, 케플러 등이 잇따라 등장하면서 천문학을 크게 발전시켰고, 그 후 수학 발전에도 크게 기여했어.

갈릴레오(1564~1642년)는 직접 만든 망원경을 사용해서 목성 주변에도 지구의 달 같은 위성이 여러 개 돌고 있다는 사실을 발견했어(4개의 위성을 발견).

굴러떨어지는 속도는 같다.

아리스토텔레스

갈릴레오

그리고 피사의 사탑 실험(실제로는 위 그림처럼 경사면 위에서 굴렸다고 한다)을 해서 "떨어뜨린 돌이 지상에 도달했을 때 무게가 그 절반인 돌은 아직 절반 지점에 있다니, 이런 바보 같은 소리가 있단 말인가"라며 아리스토텔레스의 가설을 격하게 비판했어. 그와 동시에 '사물이 떨어지는 속도는 떨어뜨린 후의 시간에 비례한다'라는 사실을 발견했지.

케플러의 등장

케플러(1571~1630년)는 행성의 기묘한 운동이 점성술에 따르지 않고 자연의 법칙(수식)에 따른다는 사실을 대량의 데이터를 바탕으로 밝혀냈어. 케플러는 티코 브라헤(1546~1601년)의 천문대에서 관측 도우미를 했는데, 티코가 세상을 떠난 후에 그가 남긴 어마어마한 데이터를 활용할 수 있는 기회를 얻었어.

케플러는 화성에 관심이 있었어. 지동설을 주장한 코페르니쿠스조차 행성은 '원운동'을 한다고 생각했어. 왜냐하면 원은 완벽한 형태로 여겨졌기 때문이야. 하지만 티코가 남긴 화성 데이터는 원이 아니라 타원 궤도를 나타냈어(케플러의 제1법칙=타원 궤도의 법칙).

제2법칙은 '면적-속도 일정의 법칙'이라 불리는데, 태양 가까이에서 행성은 빠르게 움직이고 태양에서 멀리 떨어지면 늦어져. 더 정확히 말하자면 '태양과 행성이 일정한 시간에 그리는 넓이는 같다'라는 것인데, 그림의 넓이 a, b, c는 각각 같다는 말이야.

케플러의 제2법칙
(면적-속도 일정의 법칙)

a, b, c의 넓이는 각각 같다

$$\frac{p^2}{a^3} = 정수(제3법칙)$$

그리고 제3법칙(조화의 법칙)이란 '행성의 공전 주기 p의 제곱은 궤도의 반지름 a의 세제곱에 비례한다'라는 거야.

이렇게 케플러는 티코의 데이터로 오랜 세월 동안 계산하고 추측해서 행성의 운동을 밝혀내는 데 성공했어. 행성의 운동은 결코 신비로운 것이 아니라 제3법칙에 나타난 것처럼 '자연은 수학적인 배경으로 움직인다'라는 것이었어.

누가 배턴을 이어받았는가?

갈릴레오는 운동에 관한 '역학'을 시작했는데, 거기서 속도와 가속도라는 개념이 나왔어. 그리고 케플러는 3개의 우주 법칙을 제시했는데, 사실 뿔뿔이 흩어져 있던 이 3개의 법칙은 17세기에 하나로 정리되었어.

16세기에 우주의 운동 원리를 밝혀낸 갈릴레오나 케플러였지만, 그것을 어떤 수식으로 나타내고, 어떤 수학적인 도구를 써야 좋을지까지는 밝혀내지 못했어. 그것을 해결한 수학 도구가 바로 '미분 적분'이야.

배턴을 받은 사람은 영국의 뉴턴(1643~1727년)과 독일의 라이프니츠(1646~1716년)였어. 뉴턴과 라이프니츠를 비롯한 미분 적분을 구축한 사람들은 어떤 공적을 남기고 어떻게 살았을까?

Newton

책을 사랑했던 천재

뉴턴

미적분을 탄생시킨 수학계의 거인

● 1643~1727년(그레고리력)

● **아이작 뉴턴**

영국의 동부 울즈소프에서 태어났다. 수학자, 자연 철학자, 물리학자. 만유인력 발견자이기도 하다. 케플러가 발견한 행성의 운동에 관한 법칙에서 '만유인력의 법칙'을 발견하고, 그 발견에 이르는 과정에서 '미분 적분법'을 생각해 냈다. '갈릴레오가 사망한 해(그레고리력 1642년)에 뉴턴이 태어났다'라는 말을 많이 하는데, 당시 영국은 율리우스력을 썼기 때문에 그레고리력으로는 1643년 1월 4일이어서 같은 해가 아니다.

불행했던 어린 시절

뉴턴의 어린 시절은 평탄하지 않았어. 뉴턴은 태어나기 전에 아버지 아이작을 여의었고, 뉴턴 본인도 미숙아로 태어났기 때문에 오래 살지 못할 거라고들 여겼어. 그리고 세 살 때 어머니가 재혼하는 바람에 뉴턴은 집을 나와 할머니 손에 자라게 되었어. 뉴턴은 어머니의 재혼에 분노했는데, 새아버지와도 잘 맞지 않아서 집에 불을 질러 죽여 버리겠다며 어머니에게 심한 말을 퍼부었다고 해.

불을 질러 죽여 버릴 테다!

싸움에 이겨 자신감을 얻다!

뉴턴은 12살부터 울즈소프에서 가장 가까운 도시인 그랜섬에 있는 킹즈 스쿨(King's School)을 다녔어. 뉴턴은 몸집이 작아서 따돌림을 당했는데, 어느 날 괴롭히던 아이와 싸워서 이긴 후로 자신감이 붙었다고 해.

뉴턴은 약제사 클라크 씨 집에서 하숙을 했는데, 약학 관계 서적들이 있었던 탓에 약학에 관심을 갖게 됐어. 기계 장치를 만지거나 해시계를 만들면서 시간을 많이 보냈는데, 선생님에게는 '게으르고 집중력이 없다'라는 평가를 받았지.

이얏!

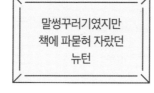

말썽꾸러기였지만
책에 파묻혀 자랐던
뉴턴

싸움에 이긴 뉴턴

화학서에 푹 빠졌다

뉴턴 ● Newton

케임브리지 대학 트리니티 칼리지에 입학

새아버지가 세상을 떠나자 어머니는 뉴턴이 다니던 킹즈 스쿨을 그만두게 했어. 하지만 변함없이 클라크 씨의 집에 틀어박혀 화학서나 약학서에 푹 빠져 있는 것을 보고 1661년에 숙부가 케임브리지 대학에 진학하도록 어머니를 설득했어. 그 덕분에 뉴턴은 케임브리지에 입학할 수 있었어.

1690년경의 트리니티 칼리지(케임브리지)

트리니티 칼리지에서 뉴턴은 강사를 돕거나 배식하는 일을 해서 학비를 면제받았던 탓인지 다른 학생들과는 별로 어울리지 못했다고 해.

수학을 접하게 된 계기

일설에 따르면 케임브리지에 입학한 후에 점성술 책을 샀는데, 거기에 쓰인 수학 내용(삼각법)을 이해하지 못해서 기하학을 공부해야겠다는 생각에 유클리드의 『원론』을 접했다고 알려져 있어. 『원론』의 내용이 간단했던 탓에 그 후에는 데카르트의 『기하학』, 월리스의 『대수학』 등을 열심히 읽었어.

뉴턴이 최고의 과학자 중 한 사람이라는 사실을 생각해 보면 그가 점성술 책을 읽었다는 사실이 의아하게 느껴지는데, 17세기가 '점성술이나 연금술'과 '천문학이나 과학'의 경계가 두루뭉술했던 시기였던 탓도 있어.

나는 염소자리군.

스승 배로와의 만남

1663년에 케임브리지에 새로 생긴 루카스 수학 강좌의 초대 교수로 아이작 배로(1630~1677년)가 취임했어. 배로는 미분과 적분이 '역연산(역조작)' 관계에 있다는 사실을 기하학적으로 증명해서(미분 적분학의 기초 정리) 뉴턴에게 큰 영향을 줬어. 배로의 배려 덕에 뉴턴은 1664년에 장학생이 될 수 있었고, 공부에 집중할 수 있는 기반을 다졌어.

페스트가 유행한 2년(1665~1666년)

이듬해인 1665년에 런던을 덮친 페스트 때문에 10만 명이 사망했어. 그 때문에 케임브리지 대학은 1665~1666년 2년 동안 휴교를 했고, 뉴턴은 고향인 울즈소프로 돌아가게 됐어.

뉴턴이 살던 시절에 의사는 환자와의 접촉을 피하기 위해 얼굴에 닭처럼 생긴 가면을 쓰고 치료를 했어. 페스트균은 그로부터 200년 이상이 지난 1894년에 기타사토 시바사부로 등이 발견했어.

닭의 가면을 쓴 의사

경이로운 2년

그런데 행운은 갑자기 찾아왔어. 뉴턴은 페스트가 유행했던 2년 동안 인생 최대의 전환점을 맞이했거든. 장학금도 받은데다가 시시콜콜한 일에 휩싸이지 않은 채 보낼 수 있는 시간도 충분히 얻어서 수학이나 물리학 연구에 몰두할 수 있었어. 미분 적분, 만유인력, 광학 등 뉴턴의 위대한 업적은 이 2년 사이에 구상되었기 때문에 나중에 '경이로운 2년'이라고 불리게 되었어(성과는 공표하지 않음).

사과는 왜 옆이나 위가 아니라 아래로 떨어질까?

만유인력이라는 발상을 얻었는 사과나무는 현재 고이시카와 식물원에서 그 모습을 볼 수 있어. 1665년으로부터 300년 후인 1964년에 접목해서 일본으로 이식한 거야. 그 옆에는 멘델이 실험에 쓴 포도의 분주(원뿌리에서 나눠 옮겨 심는 것-역자)도 있어.

뉴턴의 사과나무 분주
(도쿄 고이시카와 식물원/저자 촬영)

인생의 절정기를 맞이한 뉴턴

뉴턴이 케임브리지로 돌아온 후에 배로가 뉴턴을 인정했기도 했고, 1669년에는 2대 루카스 교수로 임용됐어. 게다가 1672년에는 왕립협회의 회원으로도 뽑혔어.

뉴턴에게 인생의 절정기가 찾아온 줄 알았건만….

Thank you♥

루카스 교수직에 왕립협회 회원! 정말 기쁘오! 이것도 사과 덕분인가?

행성의 움직임은 예측할 수 있지만 사람들의 움직임은 예측할 수 없다

그 당시 영국에서는 주식 시장이 호황을 누려서 18세기에 들어선 1720년에 영국 정부가 내놓은 남해회사(South Sea)의 주식이 인기를 얻어 폭등했어. 그 영향을 받고 실체가 없는 유령 회사가 연달아 등장했고, 주가도 급상승했어.

하지만 1720년 말에는 1/10 가격으로 떨어져 거품이 붕괴되는 바람에 많은 사람들이 빈털터리가 되어 자살하거나 파산하는 사람이 계속 생겼어. 뉴턴도 예외는 아니었어. 현재 물가로 치면 40억 원 정도를 잃었다고 해. 그때 뉴턴이 했던 말이 "사람의 미친 행동은 예상할 수 없다"였는데, 자신의 욕심과 거품 붕괴는 예견할 수 없었던 것이겠지?

South Sea Bubble

Bubble Economy

Bubble Company

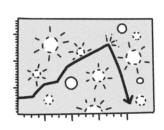

나는 행성의 움직임은 예측할 수 있지만 사람들의 미친 행동은 예측할 수 없소!

남해회사의 영어 명칭은 South Sea이며, 이 회사가 발행한 주식이 급등하자 세간에서는 '남해에 거품이 일었다'는 언어유희가 유행했다. 바로 이 사태에서 시장의 과열을 '거품'(버블)이라고 부르는 용례가 탄생했다. 이 사건으로 영국 정부의 공문서에 '버블'이라는 용어가 처음 사용되었다.

방패막이 역할을 했다?
'루카스의 교수직'

1663년에 케임브리지 대학 트리니티 칼리지에 신설된 '루카스 수학 강좌'는 영국의 하원 위원(대학 선출 의원)이었던 헨리 루카스의 유언(자금 제공)으로 생긴 강좌야. 이듬해 1월에는 찰스 2세에게 정식으로 인정받았어.

헨리 루카스는 교수가 되는 데 딱 한 가지 '조건'을 내세웠어. 그건 '교수직에 있는 동안은 교회 활동을 하면 안 된다'라는 것이었어. 초대 교수인 배로는 수학자이면서 독실한 성직자이기도 했어. 1669년에 고작 6년 만에 루카스 교수직을 뉴턴에게 넘긴 배경에는 뉴턴을 인정했기 때문

어쩌라고…

루카스의 유언을 거스르면 암흑 속으로 떨어질걸!

도 있었지만, 빨리 성직자 자리로 돌아가고 싶다는 마음도 작용했던 모양이야.

뉴턴은 반대로 루카스 교수직을 방패막이로 삼지 않았을까 의심되는 정황이 있어. 케임브리지의 교원은 상위 성직자로 서품을 받는 게 의무인데, 뉴턴은 교수직에 있는 동안은 교회 활동을 하면 안 된다는 루카스의 유언을 방패로 삼고 거부했어. 국왕에게도 승인을 받았지.

뉴턴이 서품을 거절하긴 했지만 그가 무신론자였던 건 아니야. 오히려 그 반대지. 그가 사망한 후에 확인된 장서 약 1,600권 중에서 수학과 물리학 관련 책은 16%인데, 신학 관련 책은 32%로 2배나 되었다고 해. 그러니까 그는 신학 쪽에 더 관심이 있었을 가능성이 높아(나이가 들어서 특히 그 경향이 강했어). 그런데 뉴턴은 유니테리언이라 불리는 종파를 따랐기 때문에 종파가 다른 영국 국교회의 상위 성직자 서품을 받고 싶지 않았던 게 아닐까 추측돼. 결국 루카스 교수직에 있었던 덕분에 영국 국교회의 서품을 받아야 하는 의무를 '합법적으로 거부'할 수 있었던 거지.

참고로 11대 루카스 교수직에는 찰스 배비지, 15대에는 폴 디락, 17대에는 스티븐 호킹이 있었어.

미분 적분은 누가 먼저 생각해 냈는가(뉴턴의 입장에서)

뉴턴은 자신의 업적을 드러내는 것을 싫어했어. 타인에게 비판당하는 걸 싫어했기 때문이야(페르마와 비슷). 그런데 독일의 수학자 라이프니츠(1646~1716년)가 1684년에 미분 사고법, 그리고 1686년에는 적분 사고법을 발표했어. 뉴턴은 자신의 아이디어를 훔쳤다고 생각해서 크게 화를 냈지. 영국의 다른 학자들도 라이프니츠를 비판하는 바람에 라이프니츠는 영국 왕립협회에 중재를 요구했는데, 왕립협회는 뉴턴에게 유리한 판정을 내렸어. 미분 적분을 누가 먼저 생각해 냈는지 가리는 대단한 진흙탕 싸움이 이어졌는데, 현재는 각각 독립적으로 발견했다는 것으로 결론이 났어.

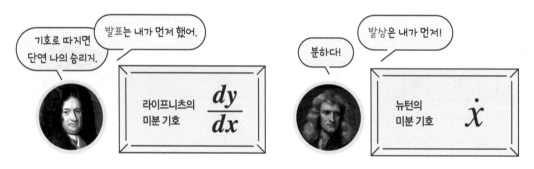

하지만 이 논쟁은 사실상 영국의 수학이 쇠퇴하는 결과를 초래했어. 기호로 따지면 라이프니츠가 더 뛰어났는데도 유럽 대륙에 대한 반발심 때문인지 영국에서는 사용하기 불편한 뉴턴식 기호를 고집하고 계속 썼거든.
그런 식으로 대륙의 수학 연구를 계속 무시하다가 영국 수학은 대륙보다 뒤처지게 되었어.

라이프니츠의 미분 기호

$$\frac{dy}{dx}$$

$$\frac{d^2x}{dt^2}$$

- '어떤 함수를 무엇으로 미분했는가'가 명쾌하다: 여기서 어떤 함수는 미분이 되는 대상, 즉 분자에 있는 y나(위에 있는 식) x를(아래 있는 식) 의미한다. 무엇으로 미분했는가는 y를 x로 미분하거나, x를 t로 미분한다는 것을 의미한다.
- 여러 번(계) 미분을 할 때는 수치를 바꾸기만 해도 된다.
- 다양한 분야에서 쓰인다.

뉴턴의 미분 기호

$$\dot{x}$$

$$\ddot{x}$$

- 무엇으로 미분하는지 지정되어 있지 않다. x 위에 점이 찍혀 있기 때문에, x를 미분하는 것은 알 수 있지만, x를 t로 미분하는지, k로 미분하는지 아니면 다른 변수로 미분하는지 알 수 없다.
- 속도와 가속도에서 쓰이는 일이 많다.

『프린키피아』탄생!

친구인 에드먼드 핼리(1656~1742년)가 뉴턴에게 "행성 간에 작용하는 힘은 어떻게 나타낼 수 있나?" "행성이 그리는 곡선은 어떤 모양인가?"라고 질문했을 때, 뉴턴은 "제곱에 반비례한다" "타원이다"라고 대답했어.

안 그래도 놀랐는데, "이미 끝난 증명일세. 발표는 안 했지만"이라며 덧붙이는 뉴턴의 말에 핼리는 더 깜짝 놀랐지. 그래서 당장 공표해야 한다며 뉴턴에게 강하게 어필했고, 결국 정리를 하게 됐어. 이렇게 해서 뉴턴의 대표작인 『프린키피아』(정식 명칭은 『자연 철학의 수학적 원리』 Philosophiae Naturalis Principia Mathematica)가 탄생했어.

하지만 출판은 난항을 겪었어. 초반에 왕립협회가 자금을 대기로 약속했는데, 왕립협회가 다른 책에 돈을 너무 많이 쓴 바람에 자금

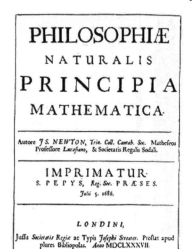

『프린키피아』(1687년)

이 바닥났거든. 그때 『프린키피아』를 출판하기 위해 개인적으로 비용을 낸 사람이 핼리였어.

뉴턴은 『프린키피아』에서 행성은 중력의 법칙에 따라 태양 주위를 돈다는 사실을 밝혔고, 그것을 설명하는 도구가 바로 미분과 적분이야.

1986년에 지구에 접근한 핼리 혜성

핼리는 1705년에 뉴턴의 중력의 법칙을 써서 혜성의 궤도를 계산했고, 케플러가 1607년에 관측한 혜성이 1758년에 지구에 접근한다는 걸 예측했어. 그게 바로 핼리 혜성이야. 그 주기는 75.32년인데, 마지막으로 관측된 연도는 1986년 2월 9일이었고, 다음 접근 시기는 2061년 7월 28일로 예측하고 있어.

뉴턴
●
Newton

93

최후의 연금술사, 최후의 수메르인

● 자연 철학자에서 '과학자'로

'과학자'라는 말은 19세기에 들어 생겨난 말인데, 자연을 탐구하는 연구는 '자연 철학'이라고 부르고 그 연구자를 '자연 철학자'라고 불렀어. 뉴턴의 『프린키피아』의 정식 명칭이 『자연 철학의 수학적 원리』인 것은 그 이유 때문이야. 그러다 1834년에 윌리엄 휴웰이 scientist라는 말을 만들어 내면서 '과학자'라는 말이 쓰이게 됐지. 뉴턴은 근대의 최초이자 최고 '과학자'라는 영예를 얻었는데, 그 진면목은 20세기의 이르러 제대로 평가되었어.

● 케인스는 뉴턴을 '최후의 연금술사, 최후의 수메르인이었다'라고 정의했다!

뉴턴은 평생 독신으로 살았기 때문에 그의 유고는 친척이 오래 보관했어. 그러다 케임브리지 대학에 기증되면서 20세기 최고의 경제학자 존 메이너드 케인스가 정리했어. 연구를 진행하던 케인스는 뉴턴이 연금술에 관심이 있었다는 사실을 알게 되는데, 그는 뉴턴이 당대 최고의 연금술사였다는 결론을 내리게 돼. 그러면서 이런 말을 남겼어.

"뉴턴은 이성의 시대 최초의 사람이 아니었다. 그는 최후의 마법사였고, 최후의 바빌로니아인이자 수메르인, 약 1만 년 전에 인류의 지적 유산을 쌓아 올리기 시작했던 사람들과 같은 눈으로 가시적이고 지적인 세계를 바라보았던 최후의 위대한 정신이었다."

라이프니츠

Leibniz

시대를 앞선 천대

수학계의 멀티 플레이어

● 1646~1716년

● **고트프리트 빌헬름 라이프니츠**

독일의 수학자, 철학자, 외교관. 뉴턴과 함께 미분 적분학의 창시자로 '미분 적분학의 기초 정리'를 만들었다. 라이프니츠는 철학과 수학의 역사에서 중요한 위치를 차지한다. 뉴턴과 별개로 무한소 미적분을 창시했고, 라이프니츠의 수학적 표기법은 아직까지도 널리 쓰인다. 라이프니츠는 기계적 계산기 분야에서 가장 많은 발명을 한 사람 중 한 명이기도 하다. 파스칼의 계산기에 자동 곱셈과 나눗셈 기능을 추가했고, 최초로 대량 생산된 기계적 계산기인 라이프니츠 휠을 발명했다. 또한, 모든 디지털 컴퓨터의 기반이 되는 이진법 수 체계를 다듬었다.

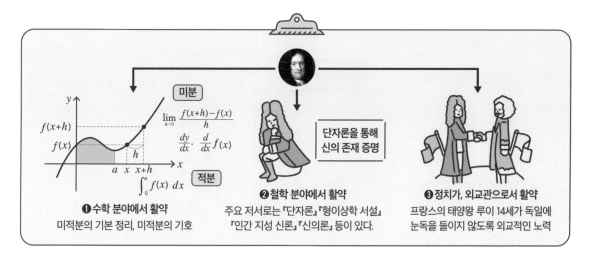

미분

$$\lim_{h \to 0} \frac{f(x+h) - f(x)}{h}$$

$$\frac{dy}{dx}, \ \frac{d}{dx} f(x)$$

적분

$$\int_0^a f(x) \ dx$$

❶ 수학 분야에서 활약
미적분의 기본 정리, 미적분의 기호

단자론을 통해
신의 존재 증명

❷ 철학 분야에서 활약
주요 저서로는 『단자론』『형이상학 서설』
『인간 지성 신론』『신의론』등이 있다.

❸ 정치가, 외교관으로서 활약
프랑스의 태양왕 루이 14세가 독일에
눈독을 들이지 않도록 외교적인 노력

안타까운 스타트를 끊은 라이프니츠

라이프니츠의 어린 시절은 불행했어. 아버지는 라이프치히 대학의 철학 교수였는데, 라이프니츠가 여섯 살 때 세상을 떠났어. 소년 시절에는 아버지 서고에 있던 책을 닥치는 대로 읽으며 독학을 했어. 15세라는 어린 나이에 아버지의 뒤를 따라 라이프치히 대학의 법학과에 들어가서 철학, 수학, 과학에도 두각을 나타냈어. 그 후 박사 학위를 수여받을 예정이었는데, 너무 어리다는 이유로 교수진에게 거부당했어(사실은 그의 재능을 시기했기 때문이래). 그후 라이프치히를 떠나 알트도르프 대학에서 바로 박사 학위를 받고 법학부 교수 자리까지 제안받았지만, 외교관의 길을 택했어.

라이프니츠

라이프니츠에게 박사 학위를 줄 수 없어.

질투 질투 질투

너무 어리다고 하자.

외교관으로서 노력의 결실을 맺지 못하다

라이프니츠는 외교관과 정책 조언자로서 최선을 다했어. 먼저 프랑스에 '이집트 침공'을 제안했어. 그 의도는 유럽, 그중에서도 프랑스의 관심을 독일의 제후에게 돌리려는 것이었는데, 침략 전쟁을 연달아 일으키던 루이 14세(1638-1715년)를

라이프니츠에게 주어진 사명

❶독일로 향한 관심을 다른 곳으로 돌리는 것이 우선

❸오스만 제국의 협박에서 동유럽 지키기

프랑스

오스만제국

❷이집트 원정으로 동방 교역 루트 확보

이집트

설득하지는 못했어.

하지만 나중에 나폴레옹이 이집트 원정을 가게 되면서 결국에는 이루어졌는데, 무려 100년 전에 적국인 독일의 외교관이 프랑스에 이집트 원정을 제안했었다는 사실을 알고 나폴레옹은 입을 다물지 못했대.

> 응? 내가 이집트 원정을 떠나기 100년 전에 라이프니츠가 프랑스에 제안을 했다고?

라이프니츠 ● Leibniz

파리에서 보낸 4년 동안 전환점을 맞다

1672~1676년까지 4년 동안, 라이프니츠는 파리에서 살았어. 이 4년은 라이프니츠에게 매우 중요했던 시기라고 할 수 있어. 라이프니츠가 파리에 막 왔을 때는 수학 지식이 깊지 않고 치우쳐 있었는데, 그 4년 동안 엄청난 발전이 있었던 거야.

운이 좋게도 그 당시 파리에 살고 있던 네덜란드의 수학자이자 물리학자 하위헌스(1629-1695년)를 만났고, 하위헌스에게 수학 지도를 받을 수 있었어. 외교관으로서 영국에도 나가 배로(뉴턴의 스승)가 쓴 책도 읽었어. 라이프니츠가 파리를 떠나던 1676년에는 이미 '미분 적분학의 기본 정리'의 아이디어를 얻었던 것으로 보여.

> 라이프니츠, 자네는 싹수가 보여. 수학을 한번 시작해 보게.

> 파리는 얻을 것이 많은 곳이오!

하위헌스   라이프니츠

영국 vs 대륙(라이프니츠의 관점)

앞에서도 이야기했듯이 라이프니츠와 뉴턴은 미분 적분의 개념을 거의 동시에 확립했는데, 발표 논문은 라이프니츠가 빨라서 미분에 관해서는 1684년에 『극대와 극소에 관한 새로운 방법』을 펴냈어. 그리고 미분의 역연산으로서의 적분은 1686년에 『심원한 기하학』으로 출판했어.

그런데 뉴턴은 사실 라이프니츠보다 생각은 먼저 했지만(1665~1666년), 공표를 하지 않았어. 그래서 누가 더 빨리 생각했는가 하는 문제로 열띤 논쟁을 펼쳤지. 그런데 뉴턴은 역학적인 관점에서 봤고, 라이프니츠는 변화(함수) 관점에서 봤기 때문에 접근이 달랐어. 아무튼 사건은 개인을 넘어 영국과 대륙의 수학계 싸움으로 번졌어. 지금은 각각 독자적으로 미분 적분학을 확립했다는 걸로 일단락됐어.

> '라이프니츠가 도용했다'라는 의견이 영국 수학계에서 흘러 나왔고, 왕립협회도 그 의견을 지지했다. 그러나 그 의견서를 쓴 사람은 뉴턴 자신이었다.

역학적 관점에서(유율법)

뉴턴 지지파
(영국의 수학자)

라이프니츠 지지파
(유럽 대륙의 수학자)

> 도용?
> 라이프니츠가 그럴 리 없잖소!
> 게다가 그가 먼저
> 발표를 했다고.

변화의 관점에서(변화율)

라이프니츠의 '계산기'

라이프니츠에게는 다른 수학자에게는 없는 또 다른 측면이 있었어. 바로 엔지니어의 모습이야. 라이프니츠는 파리에 있을 때 '단계형 계산기'라 불리는 수동식 계산기를 만들어 냈고,

라이프니츠의 계산기(출처: Kolossos)

1676년에 완성했어. 이 계산기를 보러 온 사람 중 한 사람이 파스칼의 조카인 페리에였어. 파스칼도 계산기를 만들었는데 덧셈과 뺄셈 기능밖에 없었던 반면, 라이프니츠의 계산기는 곱셈과 나눗셈도 가능했지.

천재이자 인맥왕 라이프니츠

대학에서는 법학을 이수하고 수학, 철학에 능했으며 외교관에 심지어 수동식 계산기까지 만들었다는 사실에서 알 수 있듯이 그는 대단한 멀티 플레이어였어. 그런 의미에서 아르키메데스와도 일맥상통하는 부분이 있었다고 할 수 있지. 수학, 철학, 물리학, 신학, 역사학, 경제학, 법학, 계산학 등, 그야말로 라이프니츠는 만능이었어. 그리고 그는 학자 친구가 1,000명이 넘었다고 해.

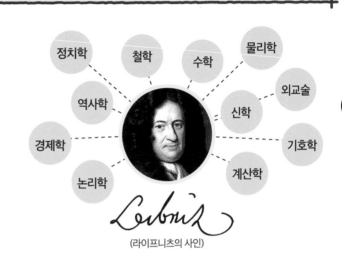

(라이프니츠의 사인)

라이프니츠
Leibniz

하노버 공가와의 인연

라이프니츠는 1676년, 브라운슈바이크 공 요한 프리드리히의 초청을 받아 하노버의 궁중 고문, 도서관장으로 활동했어. 이후 브라운슈바이크의 하노버 공가를 쭉 섬겼지. 족보 연구를 통해 하노버 공이 선제후가 될 수 있게 해 주었고, 그 공로로 기사 작위까지 받았어.

라이프니츠는 세상을 떠나기 전까지 40년 동안 족보 만들기에 전념해서 브라운슈바이크 가의 족보를 1000년까지 거슬러 올라가 만들었다고 해.

버림받은 라이프니츠

영국에서는 앤 여왕이 1714년에 사망하고 스튜어트 왕조의 맥이 끊어지자 스튜어트 왕조 출신 어머니를 둔 게오르크 루트비히(하노버 선제후)가 영국 국왕 조지 1세로 세워졌어. 라이프니츠는 졸지에 낙동강 오리알 신세가 되었지. 뉴턴과 싸운 라이프니츠를 조지 1세가 영국에 데려갈 수가 없었던 거야. 라이프니츠는 그에게 선택받지 못하고 독일에 남겨진 채 여생을 보내야 했어. 라이프니츠는 시대를 앞선 아이디어를 많이 냈어. 국민보험과 세금개혁을 제안했고 유럽연합의 탄생을 300년 전에 예견했으며 인터넷에 관한 아이디어를 제시했어.

게오르크 루트비히가
영국 국왕 조지 1세가 되다

영국

브라운슈바이크
뤼네부르크 공국

게오르크 루트비히

박이 넝쿨째 굴러 들어왔구먼.
영어도 못하는 소국 출신인 내가
영국의 국왕이 되다니. 라이프니츠는
독일에 두고 가자. 뉴턴과 사이도
안 좋은데 분란을 일으켜서는
안 되니까.

라이프니츠는 게오르크 루트비히가
영국으로 건너가고 2년 후(1716년)
에 조용히 숨을 거두었다. 장례식에
온 사람은 시종 한 사람이 전부였다.
이렇게 만능 천재는 76년의 생애를
외로이 마쳤다.

현재까지 남아 있는 라이프니츠의 기법

미분 적분학에서 뉴턴 vs 라이프니츠의 원조 싸움에서 또 하나 결론이 난 것이 있었어. 바로 '미적분 표기법'에서 라이프니츠가 이겼다는 거야.

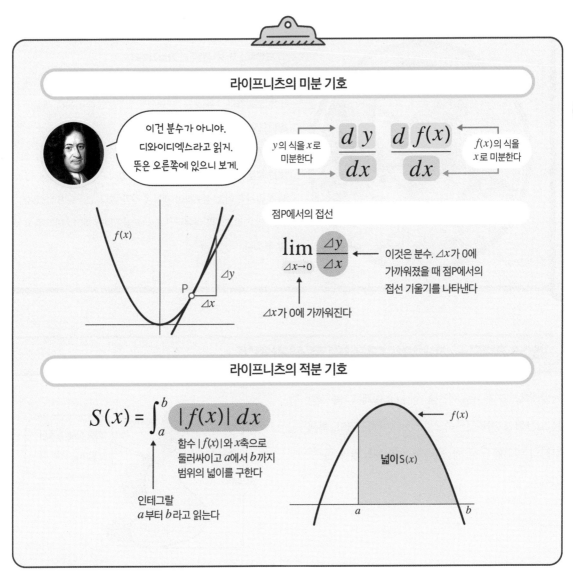

라이프니츠의 미분 기호

이건 분수가 아니야. 디와이디엑스라고 읽지. 뜻은 오른쪽에 있으니 보게.

y의 식을 x로 미분한다 → $\dfrac{d\,y}{dx}$ $\dfrac{d\,f(x)}{dx}$ ← $f(x)$의 식을 x로 미분한다

점P에서의 접선

$\displaystyle \lim_{\triangle x \to 0} \dfrac{\triangle y}{\triangle x}$ ← 이것은 분수. $\triangle x$가 0에 가까워졌을 때 점P에서의 접선 기울기를 나타낸다

$\triangle x$가 0에 가까워진다

$f(x)$

P, $\triangle y$, $\triangle x$

라이프니츠의 적분 기호

$$S(x) = \int_a^b |f(x)|\, dx$$

함수 $|f(x)|$와 x축으로 둘러싸이고 a에서 b까지 범위의 넓이를 구한다

인테그랄 a부터 b라고 읽는다

넓이 $S(x)$

$f(x)$

라
이
프
니
츠
● L e i b n i z

카발리에리

**미적분의
기초를 다지다**

적분을 이미지로 표현한 남자

● 1598~1647년

● 프란치스코 보나벤투라 카발리에리

이탈리아의 성직자이자 수학자. 적분 분야에서 카발리에리의 원리를 제창했다. 저서로는 『연속체를 불가분량을 사용해 새로운 방법으로 설명한 기하학』이 있다.

● 적분의 이미지화

미분 적분학은 뉴턴과 라이프니츠가 열었다고 흔히 말하는데, 맨땅에 갑자기 미분 적분학이 세워질 리가 없다. 선구자가 있었다. 그중 한 사람이 카발리에리인데, 적분을 이미지화한 사람이라고 할 수 있다.

'적분 퀴즈' ─ 카발리에리식으로 생각하기

카발리에리와 관련된 퀴즈를 하나 내 볼게. 다음 그림은 노란색 도형을 오른쪽으로 5cm 이동한 거야. 회색 부분의 넓이를 구해 봐. 원리를 알면 3초 만에 풀 수 있어.

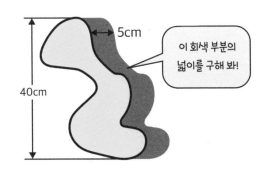

5cm

40cm

이 회색 부분의
넓이를 구해 봐!

적분 퀴즈 ★ 정답

모양이 일그러졌지만 거기에 눈이 가면 문제를 풀기 어려워. 그림 왼쪽 부분이 어떤 모양이든 구하려는 넓이와는 상관이 없어. 오른쪽 그림처럼 깔끔하게 만들어 봐. 이걸 오른쪽으로 5cm 옮기면 왼쪽에 5cm 움직인 흔적이 남아. 오른쪽에 새로 생긴 넓이와 왼쪽에서 사라진 넓이는 같으니까 직사각형의 넓이를 구하면 돼. $5 \times 40 = 200 \text{cm}^2$가 정답.

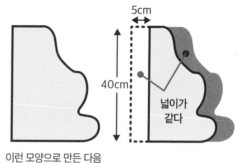

이런 모양으로 만든 다음

카바리에리
Cavalieri

게이지를 살펴보자

게이지라는 기구를 알아? 왼쪽 아래 그림처럼 생긴 도구인데, 기둥을 밀면 그 부분이 반대쪽으로 쑥 나오는 거야. 적분 퀴즈와 발상이 같지. 아래의 왼쪽 넓이 S_1도 게이지처럼 밀면 모양이 달라도 오른쪽의 S_2랑 넓이가 같아.

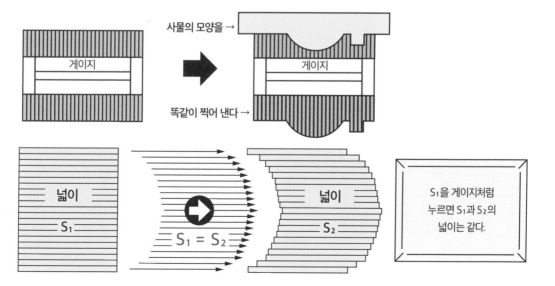

부피도 같다

부피도 마찬가지야. 왼쪽은 동전을 일직선으로 쌓은 것. 동전을 오른쪽 그림처럼 비뚤게 놓아도 부피는 변하지 않아. 그러니까 왼쪽 부피 V_1과 오른쪽 부피 V_2는 같아.

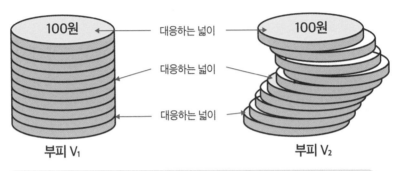

V_1을 밀어도 V_1과 V_2의 부피는 같다

카발리에리의 원리

지금까지 살펴본 내용이 '카발리에리의 원리'야. 그 원리를 요약하면, '평면도형은 무수한 선분으로 이루어져 있으며 입체는 무수히 많은 평면으로 이루어졌다'는 것인데, 이 선분이나 면을 '불가분자'라고 불렀어. 그리고 평면인 경우 두 평면에서 각각 대응하는 선분의 길이가 같을 때, 두 개의 넓이는 같아. 부피라면 각각 대응하는 평면의 넓이가 같을 때 두 부피는 같다는 뜻이야. 이 사실에서도 볼 수 있듯이 카발리에리는 평면도형의 넓이를 선분의 길이로 파악한다는 적분의 이미지에 거의 다가갔어.

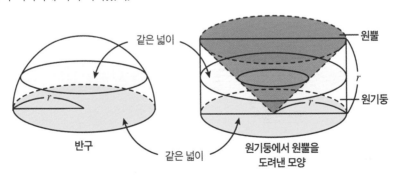

카발리에리의 원리를 이용하면 앞 페이지에 나온 '반구의 부피(왼쪽)'와 '원기둥 안을 원뿔로 도려낸 부피(오른쪽)'의
비가 1:1이라는 사실을 나타낼 수 있어. 즉, 오른쪽의 원뿔 부분은 원기둥:원뿔=3:1이고, 왼쪽 반구는 2와 같기 때
문에 '구:원기둥=2:3'이라는 걸 알 수 있어. 이건 아르키메데스가 묘비에 새겨 달라고 할 만큼 애정했던 공식이야.
또한 왼쪽 아래 그림처럼 원의 넓이나 오른쪽 그림처럼 타원의 넓이를 구할 때도 쓸 수 있어. 오른쪽 타원은 왼
쪽 그림의 원에 비해 옆 방향이 모두 b/a배야. 반지름이 a인 원의 넓이는 $a^2\pi$이니까 타원의 넓이는 $a^2\pi \times b/$
$a=\pi ab$로 나타낼 수 있어. 카발리에리의 원리가 잘 드러나지.

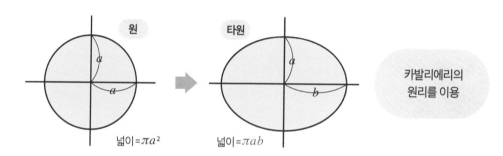

카
발
리
에
리

Cavalieri

카발리에리, 통풍 때문에 세상을 떠나다

카발리에리는 어떤 인생을 보냈을까? 자세한 내용은 밝혀지지 않았지만, 그는 이탈리아에서 태어나 어렸을 적부
터 종교학을 배웠고 성직자가 되고 싶어 했어. 17세에는 수도회의 수도사가 되었지. 그런데 1616년, 갈릴레오의 제
자 베네데토 카스텔리(1578~1643년)를 만나고 갈릴레오와도
만나 수학에 눈을 떴어. 그렇게 수도원에서 일을 하면서 수학
을 연구했고, 그 덕에 볼로냐 대학의 수학 교수가 되었어.

카발리에리는 통풍을 앓았대. 일설에 따르면 통풍의 고통을
잊기 위해 수학이나 천문학에 몰두했다고 해. 새로운 분야에
대한 지식욕도 왕성해서 메르센과도 편지를 주고받았어. 결국
계속 시달리던 통풍 때문에 세상을 떠났어.

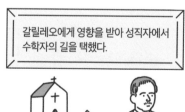

갈릴레오에게 영향을 받아 성직자에서
수학자의 길을 택했다.

카발리에리

Bernoulli

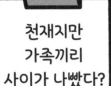

천재지만 가족끼리 사이가 나빴다?

베르누이 가문

적분을 쓸 수 있게 만든 천재들

● 17~18세기에 걸쳐 활약

베르누이 가문의 엠블럼

역사상 최고의 '수학자 가문'

불과 3세대 동안 유능한 수학자를 8명이나 배출한 희귀한 수학 일가가 '베르누이 가문'이야. 그중에서도 특히 다음 세 사람(번호는 아래 가계도에 쓰여 있는 번호)에 대해 이야기하려고 해.

　① 자코브 베르누이

　② 요한 베르누이

　③ 다니엘 베르누이(②요한의 아들)

베르누이 가문을 기리기 위해 소행성 '2034 베르누이', 달의 분화구 '베르누이' 등에 '베르누이'라는 이름이 붙었다.

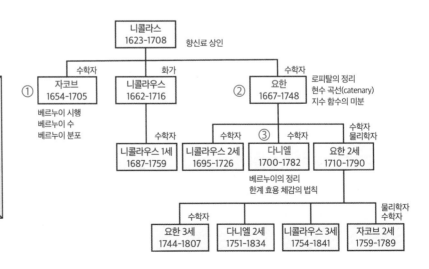

선조는 플랑드르 지방(현재의 벨기에)에 살았는데, 가톨릭교도들이 칼뱅파의 신교도들을 박해하는 바람에 독일 프랑크푸르트로 도망쳤고, 다시 스위스 바젤로 이동했어. 가계도에서 제일 위에 있는 니콜라스에게는 11명의 자식이 있었는데, 1번 자코브는 다섯째, 2번 요한은 열째 아이였어.

● **1654~1705년**

스위스의 수학자이자 과학자로 미분 적분학 발전에 공헌했다. 영국을 여행하던 중에 화학자인 보일(보일의 법칙), 박물학자인 훅(훅의 법칙, 현미경)을 만나 좋은 자극을 받았다. 스위스의 바젤 대학에서 수학을 가르쳤다.

● **주요 업적**

1713년에 발행한 『추측술』에서 베르누이 시행과 베르누이 수에 대해 논했다.

자코브 베르누이

베르누이 가문 ● Bernoulli

베르누이 시행

결과가 두 개인 시행을 독립적으로 반복 시행하는 것을 베르누이 시행이라고 한다. 보통 두 개의 결과 중 관심을 갖고 있는 사건이 일어나면 성공, 그 이외에는 실패로 지칭한다. 축구의 동전 던지기도 베르누이 시행. 양자택일이라고 해도 50% 대 50%일 필요는 없다. 주사위에서 1이 나오면 '성공'이라고 했을 때, 성공은 1/6, 실패는 5/6 확률인데 이것도 베르누이 시행이라고 할 수 있다.

이항분포

연속된 n번의 시행에서, 성공할 횟수의 분포는 '이항분포'가 된다. 오른쪽 그래프는 동전을 10번 던졌을 경우인데, 이항분포는 정규분포에 가까워진다는 사실을 알 수 있다.

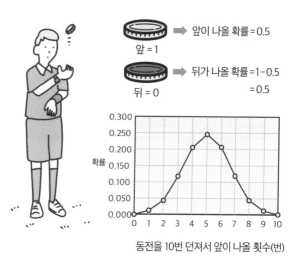

앞 = 1 ➡ 앞이 나올 확률=0.5

뒤 = 0 ➡ 뒤가 나올 확률=1-0.5 =0.5

동전을 10번 던져서 앞이 나올 횟수(번)

요한 베르누이

● **1667~1748년**

①번 자코브의 동생이자 ③번 다니엘의 아버지. 스위스의 수학자이자 과학자.

바젤에서 수학 교수를 했던 형 자코브에게 직접 수학을 배웠지만, 사이가 좋지 않았다. ①자코브가 사망한 후 바젤 대학 교수로 일했다. 자신의 아들인 ③다니엘의 수학 성과를 훔치려 하는 등 계속 충돌했다.

● **주요 업적**

미분에서 '평균값의 정리'(로피탈의 정리라고도 한다)와 카테너리 곡선을 발견했다. 또한 지수 함수의 미분과 적분을 확립했다.

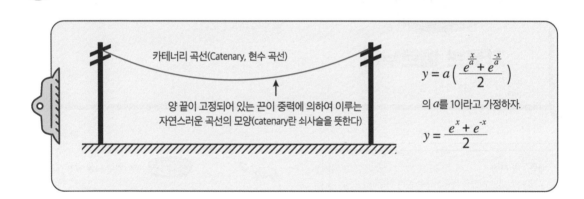

카테너리 곡선(Catenary, 현수 곡선)

↑
양 끝이 고정되어 있는 끈이 중력에 의하여 이루는
자연스러운 곡선의 모양(catenary란 쇠사슬을 뜻한다)

$$y = a\left(\frac{e^{\frac{x}{a}} + e^{\frac{-x}{a}}}{2}\right)$$

의 a를 1이라고 가정하자.

$$y = \frac{e^x + e^{-x}}{2}$$

로피탈에게 정리를 팔았다?

요한은 로피탈 후작의 가정교사로 일했어. 로피탈 후작이 미분 적분 교과서 『곡선의 이해를 위한 무한소 분석』(1696년)을 쓰게 되었는데, 요한에게 아이디어를 제공해 주면 보상으로 매년 300프랑씩 지불하겠다고 약속을 했어. 현재 미분 적분학에서 평균값 정리는 요한이 발견했지만, 로피탈의 정리라 불리는 이유에는 그런 사연이 있어.

다니엘 베르누이

● **1700~1782년**

스위스의 수학자, 물리학자, 식물학자, 의학자.

다니엘은 베르누이 가문 중에서도 최고의 지성인이었다는 평을 듣는다. 러시아의 상트페테르부르크 과학 아카데미와 바젤 대학 등에서 가르쳤다.

● **주요 업적**

물리학(유체역학)의 베르누이 정리, 경제학에서 한계 효용 체감 법칙을 생각해 냈다.

베르누이 가문 ● Bernoulli

베르누이의 정리

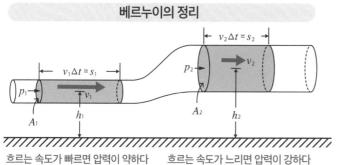

흐르는 속도가 빠르면 압력이 약하다   흐르는 속도가 느리면 압력이 강하다

유체가 관 속을 흐를 때, '흐르는 속도'와 '압력'의 합계는
관의 단면적과 상관없이 일정하다

절친!

다니엘   오일러

후에 대수학자가 되는 오일러는 어릴 적부터 베르누이 가문과 친분이 있었는데, 특히 ③다니엘과 매우 친했다.

설마? 아버지에게 도용당한 다니엘

다니엘은 상트페테르부르크 과학 아카데미에서 바젤 대학(식물학)으로 돌아와 바젤에서 활동했어. 1734년에는 파리 아카데미의 대상을 받았지만, 아버지 요한과 동시 수상을 하게 되는 바람에 아버지인 요한의 자존심을 건드리고 말았어. 화가 난 아버지는 다니엘에게 본가에 출입하지 못하도록 금지령을 내렸어.

그 '설마'는 또 이어져. 다니엘은 『유체역학』을 1738년에 출판했는데, 아버지 요한은 그 내용을 도용해서 책을 냈어. 1739년에 발행했으면서 1732년 발행으로 연도를 바꿔 다니엘보다 더 빨리 출판한 것처럼 보이도록 했지. 다니엘은 꽤나 억울했을 것 같아.

한계 효용 체감의 법칙

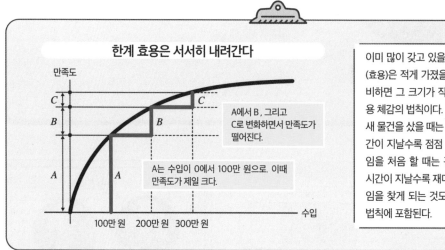

한계 효용은 서서히 내려간다

만족도

C에서 B, 그리고 C로 변화하면서 만족도가 떨어진다.

A는 수입이 0에서 100만 원으로. 이때 만족도가 제일 크다.

100만 원 200만 원 300만 원 수입

이미 많이 갖고 있을 때 더 늘어난 기쁨(효용)은 적게 가졌을 때 늘어난 기쁨에 비하면 그 크기가 작다는 것이 한계 효용 체감의 법칙이다.
새 물건을 샀을 때는 애지중지하다가 시간이 지날수록 점점 싫증이 나는 것, 게임을 처음 할 때는 굉장히 재미있지만 시간이 지날수록 재미가 떨어져 다른 게임을 찾게 되는 것도 한계 효용 체감의 법칙에 포함된다.

커피와 한계 효용
커피 첫 잔은 맛있게 마시지만, 두 잔, 세 잔째가 되면 만족도가 조금씩 떨어진다.

첫 잔째　두 잔째　세 잔째

만족도

100 만족　50 만족　10 만족

너무너무 설레!

이제 싫증난다

연애에도 한계 효용 체감의 법칙이?
연애를 할 때 처음에는 설레지만 매일 만나다 보면 점점 익숙해진다. 연애 감정이 한계 효용 체감의 법칙을 따른다는 것은 사실일까?

제 5 장

거인 가우스와 오일러

가우스와 오일러, 수학 위에 우뚝 선 산

17세기부터 18세기 초반까지 살았던 뉴턴과 라이프니츠. 그들에게서 배턴을 넘겨받은 사람은 오일러와 가우스였어.

오일러나 가우스가 살았던 18세기부터 19세기 초반은 지금과 달리 '수학자로서 살기'가 어려운 시절이었어. 힘 있는 귀족의 보호와 후원이 필요했던 시대였지. 학교는 있었지만 수학을 반드시 정식 교과로 채택했던 것도 아니었고, 자연스레 수학 교수직도 적었어.

그럼 그들이 수학으로 먹고 살 수 있는 곳은 어디였을까? 그중 하나가 '왕립 아카데미'였어. 왕립 아카데미는 문화, 예술, 학문을 이해하는 '진보적인 왕'의 든든한 보호 아래에 유럽 각지에서 개설되기 시작했어. 영국의 왕립협회(뉴턴 등이 회장), 프랑스의 과학 아카데미, 프로이센 과학 아카데미(라이프니츠가 창설), 그리고 러시아의 표트르 대제가 서유럽을 따라잡기 위해 창설한 상트페테르부르크의 아카데미 등이 있었어.

실제로 오일러 정도 되는 수학자조차 스위스 바젤 대학에서는 교수직을 구할 수 없었어. 늘 오일러를 지지하는 베르누이 형제에게 상트페테르부르크 아카데미를 소개받아 우연히 수학 교수직 자리에 앉게 되어 생계를 유지할 수 있게 된 거야.

가우스는 오일러보다도 더 궁핍하게 살았지만, 수학에 대한 열정만큼은 대단했어. 가난한 집에서 태어났지만

오일러의 서명

오일러의 초상화가
새겨진 스위스 지폐

다들 문화, 예술, 학문을
열심히 하게!

오일러 가우스

친구의 소개로 귀족 후원자를 구했고, 그 후 천문대장 자리에 앉게 되어 겨우 생계를 꾸릴 수 있었어(마지막까지 검소한 생활을 했다고 해).

이렇게 오일러와 가우스는 비슷한 면도 있었지만 논문을 공표하는 측면에서 보면 극과 극이었어. 오일러는 논문을 많이 발표했어. 사후 240년이 지난 지금도 〈오일러 전집〉이 완결되지 않을 정도로 생전에 그는 왕성하게 집필 활동을 했거든. 그런데 가우스는 완벽주의라서 웬만한 내용이 아니면 공표를 하지 않고 '수학 일기'에 기록해 두는 정도였어. 그래서 프랑스의 르장드르 같은 수학자와 아이디어 원천을 두고 분쟁에 휩싸여 미움을 받기도 했어.

이런 두 거장 오일러와 가우스, 수학계의 보물은 어떤 삶을 살았고 어떤 식으로 수학을 접했을까? 그 높디높은 봉우리를 산기슭에서 살짝 올려다볼까?

가우스의 서명

정규분포곡선

가우스의 초상화와 정규분포곡선
(가우스 곡선)이 옛 마르크 지폐에
그려져 있었다.

Euler

수학계의 거성

오일러

시력을 잃고도 수학에 전념하다

● 1707~1783년

● **레온하르트 오일러**

목사의 아들로 스위스의 바젤에서 태어났다.

천문학자이자 수학자. 1720년에 바젤 대학에 입학했을 때, 요한 베르누이의 눈에 들었다. 요한의 아들 다니엘과는 절친이었다. 오일러보다 70년 후에 태어난 가우스와 함께 '수학계의 2대 거인'으로 불린다.

역사상 가장 많은 논문을 썼으며 마치 숨을 쉬듯 손쉽게 고도의 계산을 해냈다고 한다.

자식 부자 오일러의 가정

오일러에게는 첫째 부인과의 사이에 자식이 13명 있었는데, 아쉽게도 성인으로 자란 아이는 6명뿐이었어. 오일러는 아이를 무릎 위에 앉히고 어르면서 어려운 계산을 하고 수백 편의 논문을 썼다고 해.

그러다 오일러는 눈이 나빠져서 한쪽 시력을 잃었고, 마지막에는 두 눈 다 보이지 않게 됐어. 그때부터는 오일러가 말로 설명을 하면 아이들이 그걸 써서 논문으로 완성했대.

박사가 사랑한 「오일러 등식」

수학의 역사 속에서 오일러는 구석구석에 이름을 남겼어. 그중에서도 아마 가장 유명한 것이 바로 '오일러의 등식'(오일러의 수식이라고도 불린다)일 거야. 오른쪽과 왼쪽 형태 중 아무거나 써도 좋아.

$$e^{i\pi} = -1 \qquad e^{i\pi} + 1 = 0$$

이 식에서 e와 π는 '초월수'라 불리는 무리수의 일종인데,

$e = 2.7182818\cdots\cdots$

$\pi = 3.141592\cdots\cdots$

이렇게 영원히 끝나지 않는 불가사의한 수야. π는 원주율 3.14로 알려졌지.

i는 '허수'라고 불리는 수야. 일반적인 수의 경우(실수), 양수든 음수든 제곱을 하면 0 또는 양수가 돼. 예를 들어 $(-3)^2 = 9$처럼 말이야. 그런데 허수 i는 제곱을 해도 음수가 되는 수, 그러니까 $i^2 = -1$이 되는 참 신기한 수야.

이 신기한 3개의 수 e, i, π를 조합하면 -1이 돼. 이게 또 이상한데, 모양은 매우 깔끔해. 그리고 오일러의 등식 전에 오일러 공식이라는 게 먼저 있었는데, 그건 다음과 같아.

$$e^{i\theta} = \cos\theta + i\sin\theta$$

이 오일러의 공식에서 θ는 각도를 말하는데, $\theta = \pi$라고 하면(각도 π란 호도법에서 쓰는 표기이고, 도수법에서는 180°에 해당) 위의 오일러 등식 $e^{i\pi} = -1$을 얻을 수 있어.

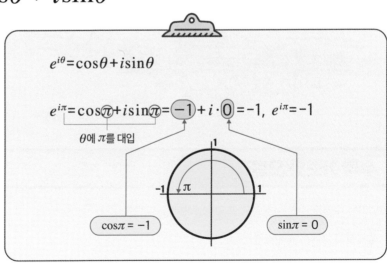

쾨니히스베르크 7개의 다리 문제

1736년 당시 프로이센의 쾨니히스베르크에 사는 사람들은 강 중심 섬과 연결된 일곱 개의 다리를 건너 다녔어. 이 다리를 딱 한 번씩만 지나 모든 다리를 건널 수 있는가 하는 것이 당시의 큰 이슈였지. 오일러는 쾨니히스베르크의 모든 다리를 단 한 번만 거쳐서는 절대 출발한 지점으로 돌아올 수 없다고 결론 내렸어. 쾨니히스베르크의 다리 건너기는 1735년에 오일러가 처음으로 답이 없다는 것을 증명했으며, 이후 이러한 유형의 문제를 체계적으로 연구해 일반화시켰어. 이것은 토폴로지(위상수학)로 이어졌지. 위상수학의 가장 쉬운 예는 지하철 노선도야.

오일러가 살던 시대의 쾨니히스베르크 고지도

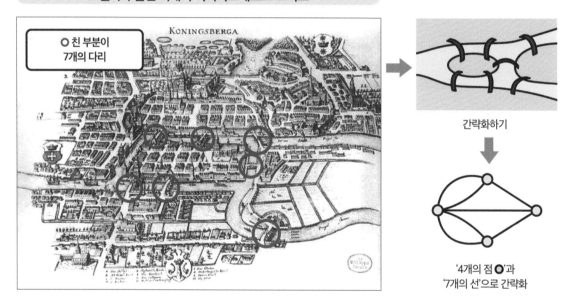

KONINGSBERGA

○친 부분이
7개의 다리

간략화하기

'4개의 점 ○'과
'7개의 선'으로 간략화

수학 기호와 오일러

오일러는 수많은 수학 기호와 도표를 만들었어.

- 원주율 3.14에서 π 기호를 썼다.

- 네이피어 수(오일러 수라고도 한다)에 기호 e를 썼다.

오일러(Euler)에서 e를 따 왔다는 설도 있다.

- 함수에서 $f(x)$라는 기호를 썼다(함수 f는 라이프니츠)
- $\sin(x)$나 $\cos(x)$라는 삼각함수 기호
- 총합을 뜻하는 Σ(시그마) 기호
- 오일러 다이어그램(벤다이어그램)

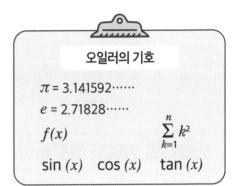

오일러의 기호

$\pi = 3.141592\cdots\cdots$

$e = 2.71828\cdots\cdots$

$f(x)$ $\qquad \displaystyle\sum_{k=1}^{n} k^2$

$\sin(x)$ $\quad \cos(x)$ $\quad \tan(x)$

베르누이 가문이 오일러를 수학으로 이끌었다

오일러의 아버지이자 목사였던 파울 오일러는 유명한 수학자였던 자코브 베르누이에게 수학의 기초를 배웠어. 그는 아들인 오일러에게 직접 초등 수준의 수학을 가르쳤어. 그 후 파울은 자신의 뒤를 잇게 할 셈으로 오일러를 스위스의 바젤 대학으로 보냈고, 신학과 히브리어를 공부하게 했어. 하지만 어떻게 된 일인지 그곳에서 요한 베르누이를 만난 오일러는 수학에 눈을 뜨고 수학자가 되기로 결심했어. 사실 요한 베르누이는 아버지 파울에게 수학을 가르친 자코브 베르누이의 동생이었어.

오일러는 요한에게 수학을 가르쳐 달라고 부탁했지만 요한은 너무 바빠서 어려운 수학책을 읽고 모르는 부분이 있으면 일주일에 딱 한 번 물으러 오라고 했어. 요한은 오일러와 만나면서 오일러의 범상치 않은 재능을 보게 돼.

오일러 ● Euler

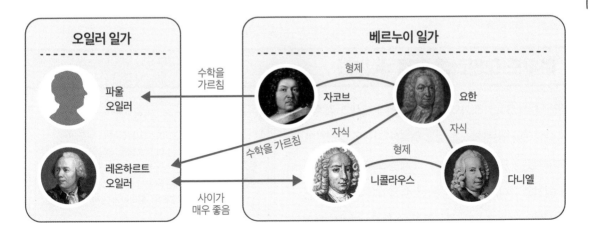

요한은 오일러의 아버지 파울을 설득했어. "자네 아들 오일러는 수학자로서 천부적인 자질을 갖추고 있네. 목사를 그만두고 수학자의 길을 걷게 했으면 하네"라고 말이야. 이렇게 수학자 오일러가 탄생했어. 아버지 파울은 베르누이 가문에게 수학을 배운 적도 있으니 은혜를 입은 그들의 부탁을 거절할 수 없었던 것일지도 몰라.

오일러의 취업도 베르누이의 노력으로

요한 베르누이의 두 아들 니콜라우스와 다니엘은 상트페테르부르크의 과학 아카데미에서 교수로 일하고 있었어. 하지만 1726년 7월에 니콜라스 베르누이가 충수염으로 사망했고, 다니엘 베르누이가 수학/

1753년, 상트페테르부르크의 과학 아카데미

물리학부의 교수직을 승계하면서 공석이 된 생리학 교수직에 오일러를 추천했어. 1727년 5월에 오일러는 상트페테르부르크에 도착했고, 그는 곧 의학부의 조교수에서 수학부의 교수로 승진하게 돼. 그는 다니엘 베르누이와 같은 집에서 살면서 공동 연구 작업도 활발하게 해. 오일러는 러시아어를 익히며, 상트페테르부르크에 정착했고 러시아 해군의 의무관도 겸임했어.

아무도 오일러를 막을 수 없다

오일러는 1734년, 화가의 딸인 카타리나 그셀과 결혼해서 13명이나 되는 자식을 낳고 행복한 인생을 살았지만, 예기치 못한 불행이 찾아왔어. 30세쯤 오른쪽 눈의 시력을 잃었던 거야. 게다가 약 30년 후에 오일러는 왼쪽 눈의 시력마저 잃게 되어 결국엔 양쪽 눈 다 보이지 않게

오일러는 사람이 숨을 쉬듯이,
독수리가 하늘을 날듯이
무슨 문제든 아무 힘을 들이지 않고
계산을 해냈다.
- 프랑스 물리학자 프랑수아 아라고

됐어. 하지만 오일러는 슬퍼하기는커녕 "덕분에 정신이 흐트러질 일이 없어졌어. 전보다 수학 연구에 더 몰두할 수 있겠어"라고 말했대.

아무도 흉내 낼 수 없는 기억력과 천부적인 계산력

실제로 오일러는 자신이 한 말을 자식들에게 받아쓰게 하면서 머릿속으로 어마어마한 계산을 해냈어.

오일러의 기억력과 계산력을 엿볼 수 있는 에피소드 중에 이런 게 있어.

우선 기억력. 그는 베르길리우스(BC 70~BC 19년)의 서사시 『아에네이스』를 젊었을 때 읽었는데, 나이가 들어서도 술술 읊었다고 해. 『아에네이스』는 트로이의 영웅에 관한 이야기인데, 베르길리우스가 11년 동안 쓴 장편 서사시야.

오일러의 '경이로운 기억력'

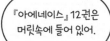

『아에네이스』 12권은 머릿속에 들어 있어.

책뿐 아니라 계산 결과도 외우고 있지!

화가 피에르 나르시스 게랭이 그린 <디도에게 트로이의 멸망에 대해 이야기하는 아이네이스>

50자리까지 머릿속으로 계산하고 실수를 지적했다

오일러의 계산력에 관해서도 에피소드가 있어. 어느 날 제자 두 명이 복잡한 급수 계산을 하고 있었는데, 50번째 자릿수 계산 값이 맞지 않아서 오일러에게 물어봤어. 그러자 오일러는 재빠르

오일러의 '경이로운 계산력'

8자리 × 8자리? 문제없네!

50번째 자릿수? A가 맞았어. B는 틀렸어!

게 머릿속으로 계산(암산)을 하고 어느 쪽이 맞는지 알려 줬대. 8자리×8자리 계산도 뚝딱 해냈지. 오일러는 대단한 기억력과 계산력을 가졌는데, 시력을 잃으면서 그 능력이 더 또렷해졌다고 할 수 있어.

러시아에서 프로이센, 다시 러시아로

1733년에 절친인 다니엘이 러시아를 떠났어. 병이 있었다는 말도 있고, 러시아 군주 예카테리나가 사망한 후 속박이 많아진 러시아에 정나미가 떨어졌기 때문이라는 말도 있어. 오일러도 마음이 불편했는데, 결혼해서 아이들도 있고 하니 연구에만 몰두하기로 했어. 이때 파리 아카데미가 주최한 대회에서 난해한 천문학 문제에 사흘 동안 몰두한 탓에 오른쪽 시력을 잃었다고 해.

이렇게 십몇 년 동안 러시아에서 갑갑한 생활을 하던 오일러는 1741년에 프로이센의 프리드리히 2세에게 베를린 아카데미로 초빙을 받고 러시아에서 독일로 옮기게 되었어.

대신들이여, 오일러는 '외눈박이 거인' 같지 않나?

지당하신 말씀입니다!!

오일러 = 외눈박이 거인?

프리드리히 2세

하지만 프리드리히 2세는 수학에는 젬병이었던 데다가 말수가 적은 오일러를 싫어했어. 그리고 오른쪽 눈을 잃었던 오일러를 '수학의 키클로페스'(외눈박이 거인 부족)라며 헐뜯기까지 했어.

아이들의 장래를 생각한 오일러는 1766년에 예카테리나 2세가 왕에 오르면서 다시 상트페테르부르크로 돌아갔어.

예카테리나 2세의 후원

사실 오일러가 러시아를 떠난 후에도 러시아는 오일러에게 계속 급여를 지급했어. 그리고 1760년에 러시아가 프로이센령에 들어가 오일러의 사유지에 피해가 생겼을 때도 러시아는 피해 금액 이상의 배상금을 지급하고 거기에 얹어서 큰돈을 또 보냈어.

러시아로 돌아온 오일러 가족들은 하인들까지 합쳐서 18명이었다고 하는데, 예카테리나 2세는 오일러 일가를 위해 전속 요리사까지 준비했어. 1771년에 상트페테르부르크에서 큰 화재가 있었을 때, 오일러의 집이 불에 탄 적이 있어. 이때도 예카테리나 2세는 오일러 집에 지원금을 보내고 살뜰하게 챙겼대.

오일러가 남긴 논문의 양과 집필 속도

'수학 역사상 가장 많은 논문을 써냈다'라는 평을 듣는 사람이 바로 오일러야. 50년 동안 총 886편, 5만 페이지에 이르지. 1년 동안 800페이지 이상의 논문을 쓴 셈이야. 오일러의 논문 작성 속도는 인쇄 속도보다 빠르다는 말이 있었을 정도야. 인쇄되길 기다리다 지친 나머지 또 논문을 써내곤 했고, 인쇄업자가 인쇄하려던 논문이 새로 쓴 논문 더미에 묻혀 찾지 못해 결국 나중에 쓴 논문이 먼저 출판되기도 했다는 이야기도 전해져. 그리고 '식사하세요'라는 말을 듣고 나서 다시 '식사하세요' 하고 재촉하러 오는 동안 논문 한 편을 완성한 적도 있대.

오일러는 파리 아카데미의 우수상을 12번이나 수상했어. 그야말로 오일러의 논문은 질적으로나 양적으로나 수학 사상 최고라고 할 수 있어.

오일러 ● Euler

수학계의 거성이 지다

1783년 9월 18일, 오일러는 허셜이 발견한 천왕성의 궤도를 계산하다가 "나는 가네"라는 말을 남기고 숨을 거두었어. 프랑스의 철학자이자 사상가인 니콜라 드 콩도르세는 오일러에게 바치는 추도사에 "그는 계산하는 것과 사는 것을 멈췄다"라고 썼다고 해. 프랑스 혁명이 일어나기 6년 전 일이고 한국은 조선시대였어.

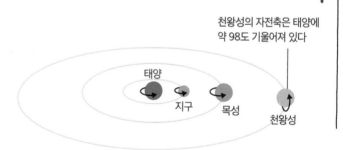

천왕성의 자전축은 태양에 약 98도 기울어져 있다

태양　지구　목성　천왕성

천왕성 궤도 긴반지름: 약 28억 7100만km
천왕성 공전 주기: 약 84년

Gauss

가우스

수학계의 군주

기록의 달인이었던 천재 수학자

● 1777~1855년

● **요한 카를 프리드리히 가우스**

독일의 수학자, 천문학자, 물리학자.

'3대 수학자' '수학계의 2대 거인'이라는 타이틀을 갖고 있다. '3대 수학자'란 아르키메데스, 뉴턴, 가우스를 가리키고, '수학계의 2대 거인'이란 오일러와 가우스를 가리킨다. 수론, 대수학, 미분 적분학, 위상수학(토폴로지), 비유클리드 기하학 등 수학의 다양한 분야에 영향을 줬다. 또한 물리학(전자기학), 천문학에도 큰 발자취를 남겼다.

아버지와 어머니의 교육적 대립

가우스의 부모는 교육을 거의 받지 않았어. 그런데 교육에 관한 생각은 마치 물과 기름처럼 상반됐지. 아버지 게르하르트 디트리히는 원예와 벽돌공으로 생계를 꾸렸어. 성격이 거칠어서 가우스를 힘으로 누르려 했지. '교육은 쓸모없다!'고 생각했고 가우스를 벽돌공으로 기르려 했어.

그런데 어머니 도로테아 벤츠와 그의 남동생(가우스의 삼촌) 프리드리히는 가우스에게 남다른 자질을 느끼고 고등 교육을 시켜야 한다고 생각했어. 결과적으로 가우스는 어머니 도로테아가 지켰지.

벽돌 쌓기와 수열의 합은 닮았나?

신동 가우스, 말도 떼기 전에 계산을 할 줄 알았다?

'열 살이면 신동, 열다섯이면 영재, 스물이 넘으면 그냥 사람'
이라는 말이 있는데, 진정한 신동이 18세기 독일에서 태어났
어. 바로 인류 역사상 최고의 수학자 가우스야.

가우스는 두 살 때 아버지 게르하르트가 벽돌공의 주급 계산
을 하는 것을 보고 계산이 틀린 걸 찾아냈대. 다시 한번 계산
을 해 보니 확실히 아들의 말이 맞았어. 아버지 게르하르트

는 가우스의 특별한 재능을 인정하면서도 가우스에게 고등 교육을 받게 하려는 마음은 들지 않았어. 경제적으로
어려웠던 것도 원인이었을 거야.

후에 가우스는 '말도 떼기 전에 계산하는 법을 알았다'라고 농담을 섞어 말한 적이 있대. 가우스는 알파벳이나 숫
자 책을 사 주면 발음이나 숫자를 혼자서 깨치기도 하고 주변에 있는 어른들이 계산하는 모습을 보고 자연스레 사
칙연산의 구조를 알아낸 모양이야. 기억력도 좋아서 한 번 본 건 카메라로 사진을 찍은 것처럼 정확히 외웠대.

기억력

삼촌인 프리드리히가
해 줬던 일을
평생 잊지 않았다.

어릴 적 있었던 일도 자세히 기억했다.

계산력

내 생일은…
1777년 4월 30일!

어머니인 도로테아는 학교
교육을 받지 않았던 탓에 아
들의 생일도 쓰지 못했지만,
'승천절 8일 전인 수요일'이
라는 것만은 기억하고 있었
다. 가우스는 이 정보만으로
자신의 생일을 곧바로 계산
했다.

신동 가우스, 등차수열의 합을 깨치다

가우스는 7세 때 학교에 들어갔는데, 그 학교에는 아이들을 채찍으로 치는 호랑이 선생님 버트너가 있었어. 10세

가 됐을 때, 버트너는 학생들에게 매우 어려운 산수 문제를 냈어.

1+2+3+ ··· +99+100

가우스는 지체 없이 바로 풀었던 모양이야. 가우스만 정답을 맞혔지. 석판에는 계산 과정은 없고 5050이라고만 적혀 있었대. 고등학교에서 배우는 '등차수열의 합'을 이용해서 푼 것이라고 추정돼.

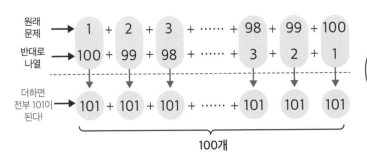

원래
문제 → 1 + 2 + 3 + ······ + 98 + 99 + 100
반대로
나열 → 100 + 99 + 98 + ······ + 3 + 2 + 1

더하면
전부 101이 → 101 + 101 + 101 + ······ + 101 + 101 + 101
된다!

100개

101이 100개 있으니까 10100.
이건 원래 계산을 2배한 셈이니
절반으로 돌리면 10100 ÷ 2 = 5050
알고 나니 간단하지?

1부터 100을 그림으로 그리기란 쉽지 않으니 10까지
그려 볼게.
핑크 부분이 1부터 10까지 더한 것과 같아. 같은 걸 하나
더 반대 방향으로 겹치면 이렇게 돼.
10 × 11 = 110개
2배를 했으니 절반으로 되돌리면
110 ÷ 2 = 55개
이렇게 되는 거지.

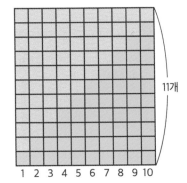

11개

1 2 3 4 5 6 7 8 9 10

바테루스와의 만남

호랑이 선생님 버트너는 가우스의

천재적인 모습을 보고 깜짝 놀랐어.

그리고 사비로 비싼 수학책을 사서

가우스에게 줬는데, 이 책도 순식간

에 다 읽어 버려서 더 이상 가르칠

가우스는 평생 친구
바테루스를 얻었다.

가우스는 독학으로
공부했다.

게 없었어.

가우스에게는 또 다른 행운이 기다리고 있었어. 버트너에게는 바테루스라는 수학 조수가 있었거든. 바테루스와 가우스는 이항정리와 무한급수 등을 연구했어.

가우스, 평생의 후원자를 얻다

바테루스는 가우스에게 또 하나의 행운을 가져다 줬어. 바테루스가 지인인 브라운슈바이크의 카를(2세) 빌헬름 페르디난트 공(1735~1806년)에게 가우스를 소개하고 추천한 거야.

1791년, 14세 때 가우스는 페르디난트 공을 만났는데, 겸손한 모습이 마음에 들었는지 고등 교육에 드는 비용을 모두 페르디난트 공이 지원했어. 그 순간 가우스 일가의 경제적 부담은 사라졌지.

가우스 ● Gauss

인생의 기로, 1796년 3월 30일

가우스는 라틴어 등 언어학에도 탁월한 능력을 발휘했는데 동시에 뉴턴의 『프린키피아』를 읽고 수학자의 길도 모색했어. 1796년 3월 30일에 가우스는 뜬금없이 수학자의 길을 선택하게 됐어. 그건 이날 이른 아침에 유클리드 이후로 200년이 더 지나는 동안 그 어느 수학자도 풀지 못한 '정17각형을 자와 컴퍼스만 가지고 작도하기'를 19세도 채 되지 않은 가우스가 원리적으로 발견(작도 가능성의 증명에 성공)했기 때문이야.

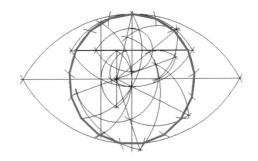

구체적인 정17각형 그리기는 1800년경, 요하네스 에르틴게르가 발견했다. Wikipedia(정17각형)에서는 애니메이션으로 볼 수 있다.

소수 정리 연구

'소수'라 불리는 특별한 수가 있어. 1보다 큰 자연수인데, 약수가 1과 자기 자신뿐인 수를 말해. 예를 들면, 2, 3, 5, 7, 11, 13, 17, 19, 23… 이렇게 영원히 이어진다는 걸 알 수 있어. 소수는 10 이하에서 4개, 100 이하에서 25개, 1000 이하에서 168개가 있는데, 가우스는 15세 때 '자연수에서 어느 정도의 빈도로 소수가 나올까'를 생각했

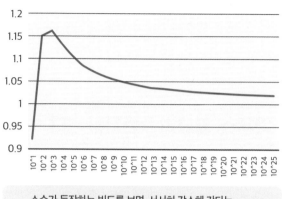

소수가 등장하는 빈도를 보면, 서서히 감소해 간다는 사실을 알 수 있다. (가로축은 대수의 눈금)

어. 그리고 서서히 감소해 가는 걸로 예상했지. 이걸 '소수정리'라고 불러. 프랑스의 수학자 르장드르가 『수의 이론』(1798년)에서 처음으로 발표했는데, 가우스가 더 빨리 고안해 냈다는 사실이 밝혀졌어.

가우스의 노트

가우스는 정17각형을 자와 컴퍼스만으로 그릴 수 있다는 사실을 발견한 날(1796년 3월 30일)부터 1814년까지 수학적 발견을 노트에 기록하기 시작했어(가우스의 노트). 너무 간결하게 적혀 있어서 읽어 내기도 어려운데, 가우스가 사망한 후 34년이 지나서야 유족에 의해 처음 이 노트가 발표되었어. 그 노트를 통해 후세의 수학자가 발견한 많은

나는 완벽주의라서 웬만한 일이 아니고서는 발표하고 싶지 않아. 그것 때문에 피해를 본 사람이 있다면 미안하네.

가우스의 일기장: 원의 분할에 기반한 기본 원리, 그리고 원의 기하학적 분할이 17등분으로 가능한지에 관한 내용 등이 적혀 있다. 1796년 3월 30일 브라운슈바이크에서.

정리들이 가우스가 이미 발견한 것이었다는 사실을 알 수 있었지.

사후에 그가 남긴 자료를 분석하던 학자는 "그의 연구가 제때 발표되었다면 수학의 발전이 50년은 앞당겨졌을 것"이라고 말할 정도였어.

소행성 세레스의 위치를 예언하다

수학자 가우스에게는 예언자의 얼굴도 있었어. 1801년 1월 1일에 천문학자 피아티가 화성과 목성 사이에서 새로운 행성 세레스를 발견했어(실제로는 행성이 아니라 소행성. 현재는 준행성). 하지만 관측 데이터를 많이 얻지 못한 상태에서 태양에 가려져 두 번 다시 세레스를 발견하지 못하는 게 아닐까 학자들은 우려했어. 그때 가우스는 적은 양의 관측 결과를 바탕으로 정

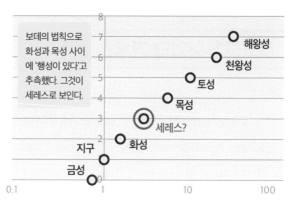

보데의 법칙으로 화성과 목성 사이에 '행성이 있다'고 추측했다. 그것이 세레스로 보인다.

확한 궤도를 산출해 내는 새로운 방법을 생각해 냈고, 보란 듯이 세레스의 위치를 정확히 짚어 냈어. 이렇게 해서 가우스는 1807년 7월, 30세라는 나이에 괴팅겐 천문대의 대장직을 얻게 되고 평생을 천문대장으로 살게 되지.

최대 후원자 페르디난트 공을 잃다

1806년 늦가을, 27세의 가우스는 자신의 집 앞 큰길을 마차 한 대가 급하게 지나가는 모습을 슬프게 바라보고 있었어. 오랫동안 재정적으로 가우스를 뒷받침해 줬던 페르디난트 공이 나폴레옹과의 전투에서 패해 그야말로 다 죽

1806년 브란덴부르크 문을 지나 베를린으로 개선 행진하는 나폴레옹

페르디난트 공은 전투에서 승승장구했다. 브란덴부르크 문은 그의 군대가 전투에 이기고 돌아오는 것을 환영하기 위해 프로이센 왕이 지은 것으로 추측된다.
그 후 프로이센 오스트리아 연합군을 이끌게 된 페르디난트 공은 나폴레옹 군에게 패하고 1806년 10월 27일에 나폴레옹이 브란덴부르크 문에 들어가는 것을 허락했다. 그는 그 전투에서 입은 부상 때문에 71세에 세상을 떠났다.

가우스 ● Gauss

어 가는 상태로 마차 안에 실려 있었거든. 페르디난트 공은 그해 11월에 세상을 떠났어. 가우스는 자신을 늘 이해해 주고 도와줬던 사람을 잃게 됐어.

검소하게 살았던 가우스

가우스는 페르디난트 공의 지원을 받기도 하고 괴팅겐 천문대의 대장이 되는 등 경제적 기반은 다졌지만 결코 안주하지 않고 수학 연구에 몰두했어. 실제로 가우스의 생활은 이랬다고 해. 그렇게 어마어마한 일을 해냈으면서도 작업실에는 작은 작업대, 스탠딩 책상, 작은 소파가 놓여 있을 뿐이었어. 그러다가 70세부터는 팔걸이의자와 갓이 달린 램프가 추가되었지. 놀랍게도 침실에는 난로조차 없었고, 식사는 늘 소박했으며, 실내복과 모자 정도만 가지고 생활했다고 전해져.

거액의 나폴레옹 세금

프로이센 군(페르디난트 공이 이끌었던)을 물리친 나폴레옹 군은 '전체 비용 조달'이라는 명목으로 가우스에게 "천문대장이라면 2,000프랑을 기부하라"고 명했어. 그 사실을 안 프랑스의 라플라스가 대신 내 주겠다고 했는데, 가우스는 거절했어. 하지만 그 소문을 들은 어느 시민이 익명으로 대신 돈을 내 줬어. 익명이었던 탓에 가우스도 거절은 하지 못했지.

천문대장 정도 되니 바가지를 씌울 수 있겠어!

거성, 지다

1855년 2월 23일, 역사상 최고의 수학자는 77세로 생애를 마감했어. 살아 있는 동안에도 '유럽 제일의 수학자'로 칭송받았는데, 가우스의 유족이 그의 수학 노트를 발표하자 그가 얼마나 대단한 경지에 도달했었는지 밝혀졌어.

프랑스 혁명에
농락당한 수학자들

혁명이 수학자의
인생을 바꿨다!

거성 오일러가 사망하고(1783년) 얼마 되지 않은 1789년, 프랑스 혁명이 일어났어. '혁명과 수학이 무슨 관계인가?'라며 의아해하는 사람도 있겠지만, 프랑스 혁명은 그 당시 수학자들의 삶에 지대한 영향을 끼쳤어.

제6장에서는 프랑스 혁명부터 내부 투쟁, 그리고 나폴레옹의 영광과 몰락, 그 후의 왕정복고 등 신구체제가 흔들리는 상황에서 프랑스의 위대한 수학자들이 '격동의 시대'를 어떻게 살아 냈는지에 초점을 맞췄어.

프랑스 혁명의 표어는 '자유, 평등, 우애'였어(혁명 초기에는 '자유, 평등, 재산'이었다고 해).

그 당시 프랑스에서는 왕에 버금가는 최고의 신분으로 성직자와 그다음 신분으로 귀족, 그밖에는 모두 '제3신분'으로 쳤어. 99% 이상은 제3신분에 속했고, 제3신분만이 조세의 대상이었지. 귀족들은 세금도 내지 않으면서 나라의 고급 관직을 독점하며 직권을 휘둘렀고 막대한 수입을 챙겼어. 제1과 제2신분은 그야말로 '특권 신분'이었고 제3신분에게 미움을 샀지.

그중에서도 제3신분의 유복층 (신흥 부르주아 계급)은 모아 뒀던 재산을 귀족들에게 빼앗긴 탓에 위기감을 느끼고 다른 제3신분의 사람들을 프랑스 혁명으로 유도하게 됐어.

세계사 교과서에는 '1789년, 프랑스 혁명'이라고 실려 있어서 1789년만 혁명의 해로 기억하

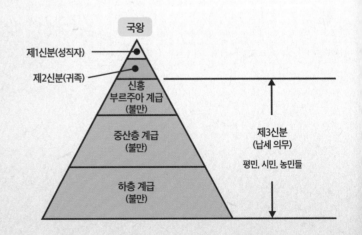

기 쉬운데, 실제로는 그 후 몇 년 동안 급진파와 온건파의 싸움이나 왕당파의 반란 등 피로 피를 씻는 권력 투쟁이 계속됐어.

그 혁명의 파도에 프랑스의 이름난 수학자들이 하나둘씩 휩쓸려 갔어. 어떤 사람은 살아남기 위해 권력자에게 충성을 맹세하며 손바닥 뒤집기를 반복했고(혁명 정부에, 왕당에, 나폴레옹에) 어떤 사람은 죽음 직전에 극적으로 풀려났고 어떤 사람은 몇 번이나 감옥에 보내진 후에 결투에 나가 목숨을 잃기도 했어.

게다가 혁명 후에는 '자유와 평등'에서 평등 정신에 따라 신분 차이 없이 '같은 죄에는 같은 처형법'을 써야 한다며 단두대를 고안했어. 그때 단두대 칼날 디자인을 수정하라는 지시를 내린 사람이 '기계광'이었던 루이 16세였다고 해. 그의 의견을 받아들여 새로 만든 단두대에서 왕 자신도 죽임을 당했지.

달랑베르

『백과전서』로 프랑스 혁명을 사전 작업하다

● 1717~1783년

나의 어머니는
이름 없는
유리 세공인의
아내입니다

● 장 르 롱 달랑베르

프랑스의 수학자, 철학자, 물리학자. 디드로와 함께 『백과전서』파의 중심인물이다. 『백과전서』(Dictionnaire raisonné des sciences, des arts et des métiers)는 1751년부터 프랑스 혁명 직전인 1780년에 걸쳐 발행되었는데, 프랑스를 대표하는 '모든 지식이 다 모인 책'이다. 천문, 수학, 식물, 역학 등의 최신 과학 기술부터 역사, 화폐, 법, 미학, 신학과 철학에 이르기까지 다양한 분야의 지식이 총 184명의 손에서 집필되었다. 결과적으로 프랑스 혁명을 준비하는 '사상운동'이 된 것으로 보인다.

달랑베르는 버려진 아이

달랑베르는 태어나면서부터 파란만장한 인생을 살았어. 파리의 사교계에서 눈부신 활약을 했던 탕생 부인이 달랑베르의 생모였는데, 탕생은 달랑베르를 낳은 후 바로 세느강 북쪽 해안에 있는 시테 섬의 생장르롱 교회(현재는 없음) 계단에 아이를 버렸어.

아버지는 알 수 없어. 달랑베르가 버려졌다는 사실을 안 포병 총감 루이 카뮈 데투슈는 온갖 수단을 다 써서 달랑베르를 찾아냈고, 유리 세공인 부부에게 맡겼어. 게다가 생활비, 교육비 등 달랑베르가 곤란에 빠지지 않도록 원조를 했고, 그가 죽은 후에는 유산을 나눠 주었어. 이런 것들로 보아 데투슈가 친부였을 가능성이 높은데, 아버지라고 나서지는 않았어.

달랑베르가 유명한 수학
자가 된 후에 탕생이 자
신이 어머니라는 사실을
밝혔는데, 달랑베르는
"나의 어머니는 이름 없
는 유리 세공인의 아내
입니다"라고 대답했대.

생장르롱 교회
세례당으로 건설. 위는 1737년의 모습.(출처: VVVCFFrance)
왼쪽은 1500년경의 생장르롱 교회

'계몽 시대'의 살롱에서 인기인이 되다

조프랭 부인 살롱의 내부

달랑베르는 파리 사교계에서 유명한 조프랭 부인
의 '살롱'에 초대를 받았어. 살롱에서 그는 전형적
인 학자처럼 꽉 막히게 행동하지 않고 남을 흉내
내는 등 사람들에게 웃음을 줘서 인기를 얻었고,
인맥이 넓어졌다고 해.

그럼 달랑베르는 왜 조프랭 부인의 살롱에 초대
되었을까? 사실 이 살롱은 친모인 탕생의 살롱을
조프랭 부인이 이어받은 것이었어. 그러니까 탕생
이 초대한 것일 수도 있지.

달랑베르의 천재성

달랑베르는 6세 때 초등학교에 들어갔는데, 이미 이때부터 천재적인 모습을 보였어. 10세 때는 교사가 더 이상 가
르칠 게 없다고 평가했고, 콜레주 드 캬트르 나시옹(프랑스 학사원)에 특별 입학했어.

그 후 파리 과학 아카데미에 수많은 논문을 제출했어. 1740년에는 아카데미의 보조 회원으로 뽑혔고 1743년에 나온 『동역학론』(Trait de dynamique)으로 단숨에 유럽 전체에서 유명해졌어. 그 후『백과전서』집필에 힘을 쏟게 되었지.

총 집필자가 184명인 『백과전서』 간행

처음에 『백과전서』는 영국의 챔버스가 엮은 『백과사전』을 번역하거나 그걸 본뜨는 걸로 기획됐어. 하지만 우여곡절 끝에 지명된 디드로 (1713~1784년)는 조금 더 포괄적이고 완전히 새로운 전서를 출판하고 싶다며 달랑베르에게 공동 편집을 제안했어.

달랑베르는 폭넓은 교양을 바탕으로 법학, 철학, 수학, 물리학 등 150 항목을 집필했어. 챔버스의 『백과사전』은 혼자서 완성했는데, 『백과전서』의 집필자는 몽테스키외, 루소 등 총 184명이 18세기 과학 기술의 최첨단 지식을 한데 모았어.

『백과전서』는 20년 이상의 세월을 쏟아 완성했는데, 다 해서 28권, 항목 수는 7만을 넘고 초판 부수만 4,250부로 유럽 전역에서 큰 호평을 얻었어.

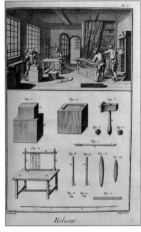

『백과전서』 Volume 8, Plate 1, 책 제본 절차를 나타내는 본문

『백과전서』는 사람들이 낡은 가치관을 깨고 합리적인 생각을 하게 만들었기 때문에 『백과전서』의 출판은 그 자체로 정치적 의미를 갖게 됐어. 달랑베르는 프랑스 혁명이 일어나기 6년 전에 사망했어. 『백과전서』의 주요 구독자는 그 당시 특권 계급(귀족, 성직자)이 아니라 슬슬 모습을 드러내기 시작했던 부르주아 계급(제3신분)이었는데, 나중에 프랑스 혁명을 추진했던 층과 거의 일치해.

프랑스 계몽사상의 보호자 퐁파두르 부인의 초상화(손에 들고 있는 것이 『백과전서』)

근대 과학계를 이끈
영국 왕립학회 vs 과학 아카데미

● 영국 왕립학회(협회)

1660년, 세계에서 가장 오래된 학회로 영국의 그레셤 칼리지에서 생겨난 것이 바로 왕립학회(왕립협회: Royal Society)야. 왕립학회는 '권위에 기대지 않고 증거(실험이나 관측)에 기인하여 사실을 확정한다'라는 뜻으로 설립되었는데, 이름에 '왕립'이라는 말이 들어가 있긴 하지만 회원들의 비싼 회비로 운영되었어. 제1회 참가자는 12명. 설립 당시에는 '과학자'라는 직업군이 없어서 외교관, 정치가, 의사, 상인, 장교 등 과학과는 거리가 먼 사람들도 많이 참여했어.

1662년에는 로버트 훅(1635~1703년)이 실험 주임으로 고용되었는데, 매주 수요일 모임에서는 훅이 재미난 실험을 하면서 즐거운 시간을 보냈다고 해. 훅은 회비를 면제받고 대학 교수직도 얻을 수 있었어. 그런 의미에서 훅은 과학으로 생계를 유지할 수 있었던 첫 인물이라고 할 수 있어. 훅의 이름은 용수철의 탄성에

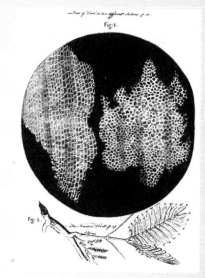

로버트 훅이 그린 코르크 스케치

관한 '훅의 법칙'에 남았고, 현미경으로 관찰한 코르크 조직이 마치 작은 방(셀=세포)처럼 보인다는 사실을 제시하는 등 물리학과 생물학에 공헌했어. 이런 훅과 대립했던 사람이 뉴턴이야. 1703년에 훅이 세상을 떠나자 뉴턴이 회장 자리에 앉았고, 훅의 색깔이 짙었던 그레셤 칼리지에서 본부를 이전했어. 이때 훅의 실험 도구나 초상화까지 잃어버렸지. 그와 동시에 훅이 하던 실험 과학을 없애고 이론 과학 쪽으로 학회의 컬러가 크게 바뀌었어.

뉴턴은 그 후 24년에 걸쳐 이 학회의 회장으로 지내면서 (1)회장(뉴턴)보다 높은 자리에 앉아서는 안 된다, (2)회장에게 말을 걸 때 말고는 잡담을 금지한다는 등의 조항을 만들어 권력을 휘둘렀어. 그리고 뉴턴파 회원들을 점점 늘리면서 왕립학회는 뉴턴을 숭배하는 쪽으로 기울어졌지.

● 과학 아카데미(프랑스)

1666년, '프랑스의 과학 연구를 활성화하고 보호해야 한다'라는 재정장관 콜베르(1619~1683년)의 제안으로 루이 14세(1638~1715년)가 설립한 것이 '과학 아카데미'야. 파리 아카데미 혹은 프랑스 아카데미라고도 불리지.

영국의 왕립학회는 뜻을 가진 민간인들이 모였던 것과 달리, 과학 아카데미는 1699년에 정식 국립 기관이 되었어. 천문학, 기하학, 화학, 해부학, 식물학 등의 부문이 설치되었고, 22명이 뽑혔어. 그 안에는 유일한 외국인으로 나중에 라이프니츠에게 수학을 지도하게 된 크리스티안 호이겐스(네덜란드)도 있었어. 그는 영국의 왕립학회 회원이기도 했어. 18세기 말까지 과학 연구에서 유럽 최고의 위치에 있었지만, 프랑스 혁명(1789년~)이 발발한 이후인 1793년에 일단 폐지되었고, 1795년에 프랑스 학사원 중

1671년, 과학 아카데미를 찾은 루이 14세(태양왕)

하나로 다시 설립되었어. 라그랑주, 몽주, 라플라스, 푸리에, 르장드르 등 다양한 수학자들이 모였어.

● 프로이센 과학 아카데미

1700년 7월에 베를린에 창설된 아카데미. 수학자 라이프니츠의 조언을 받고 프리드리히 3세가 창설했어. 1701년에 프로이센 과학 아카데미로 호칭을 변경했지. 초대 회장은 라이프니츠였어. 자연과학(물리학, 수학), 인문과학(철학, 사학)을 넘나들며 연구를 했지. 회원으로는 오일러, 몽테스키외, 디드로, 칸트, 볼테르, 아인슈타인 등이 있었어.

라그랑주

희대의
인기남

수학 세계에 우뚝 선 피라미드

● 1736~1813년

● **조제프 루이 라그랑주**

주사르데냐 왕국(현재의 이탈리아)의 토리노 출생. 수학자, 천문
학자, 물리학자, 에콜 드 폴리테크니크의 초대 학장.

미분 적분을 써서 역학을 새로 정리한 『해석역학』을 펴 냈다. 5차
이상의 방정식에는 근의 공식이 존재하지 않는다는 사실(대수적
으로)을 밝혀내기도 했고, 군론의 선구자라고 할 수 있다. 오일러
와 어깨를 견주는 18세기 최고의 수학자로 여겨진다.

수학과의 인연

라그랑주는 프랑스계 이탈리아인 부모님 아래에서 형제 11명 중 막내아들로 태어났어. 하지만 그 11명 중에서 성
인이 된 사람은 라그랑주뿐이었지. 투기꾼이었던 라그랑주의 아버지는 큰 재산을 물려받고도 자산을 거의 다 잃었
어. 라그랑주는 "만약 나에게 돈이 있었다면 수학을 택하지 않았을 것이다"라고 했대.

라그랑주는 에드먼드 핼리(1656~1742년)가 뉴턴의 미적분에 대해 해설한 책을 접하고 미적분의 세계에 푹 빠졌어.
그리고 19세라는 나이에 『해석역학』 초안을 썼고, 1788년에 쉰이 넘어서 출판을 했을 때 『해석역학』은 최고의 수
학서 중 하나로 평가받게 되었어. 실제로 젊은 나이에 눈을 감은 갈루아(1811~1832년)는 라그랑주의 『해석역학』에
심취해 있었대.

그런데 이 책의 머리말에서 "이 책에는 도판이 하나도 없다"라고 언급한 걸 보면 라그랑주는 젊은 시절부터 기하학을 그다지 좋아하지 않았던 모양이야.

사랑받은 라그랑주

많은 수학자들은 프랑스 혁명의 급격한 진전과 공포 정치, 그리고 왕당파의 역습 등으로 인생을 농락당하고 죽음의 위기를 맞기도 했어. 운 좋게 요직에 앉게 되었다 해도 하루아침에 추방당하는 것도 모자라 단두대에 오른 수학자나 과학자도 많았어. 그런 사람들 속에서 라그랑주는 조심스러운 성격 덕분인지 적을 만들지 않고 죽을 때까지 평온하게 보냈어.

- 오일러는 라그랑주에게 자신보다 먼저 연구 성과를 발표하라고 기회를 주었다.
- 프로이센 왕립 아카데미의 외국인 회원이 추방당했을 때, 라그랑주만은 아카데미에서도 계속 극진한 대접을 받았다.
- 프랑스의 왕비 마리 앙투아네트에게도 파티에 자주 초대받았다.
- 56세의 라그랑주는 나이 차이가 매우 많이 나는 여성에게 프러포즈를 받고 결혼하여 행복한 결혼생활을 했다.
- 나폴레옹은 "라그랑주는 수리 과학에 우뚝 솟은 피라미드"라며 의원, 백작 등의 지위를 부여했다. 심지어 이집트 원정에도 라그랑주를 데리고 갔다.

마리 앙투아네트
(라그랑주는 그녀의 수학 교사이기도 했다)

나폴레옹

공화국에 화학자는 필요 없다?

그런데 어쩐 일인지 라그랑주는 수학에 대한 열정을 잃고 말았어. 그러다 화학자 라부아지에(1743~1794년)와 친해졌어. 라부아지에는 '질량 보존의 법칙'으로 알려졌고 '근대 화학의 아버지'라 불리는 인물이야. 라부아지에와 어울리면서 라그랑주는 이제부터 화학의 시대가 될 거라고 예견했어. 라부아지에는 위대한 화학자였지만, 그 당시 시민들의 미움을 샀던 징세 청부인 일을 해서 실험 기구를 구입했어(집이 풍족했는데도). 이 일이 라부아지에의 수명을 줄어들게 만들었어(1794년에 단두대로 보내졌다).

1770년대, 라부아지에가 호흡에 관한 실험을 하는 모습

라그랑주의 말

라부아지에의 머리를 자르는 건
아주 잠깐이지만, 그와 같은 두뇌를 가진 자가
나타나려면 100년은 기다려야 한다.

라그랑주 ● Lagrange

라그랑주의 수학적 업적

라그랑주는 '5차 이상의 방정식은 대수적으로 풀 수 없다', 그러니까 사칙연산이나 $\sqrt{}$만 써서(이것이 '대수적'이라는 의미) 근의 공식을 구할 수는 없다는 사실을 연구했어. 이건 나중에 노르웨이의 아벨(1802~1829년)이 증명해 냈어.

이체 문제의 안정점

천체 문제로, 이체 문제(Two-body problem) 혹은 삼체 문제(Three-body problem)라고 불리는 것이 있어.

지금 지구와 달 이외에 천체가 없고(이것이 이체) 달이 지구의 인력으로 지구의 주변을 돌 때, 그 궤도는 간단히 풀 수 있어. 이때는 타원 운동을 해.

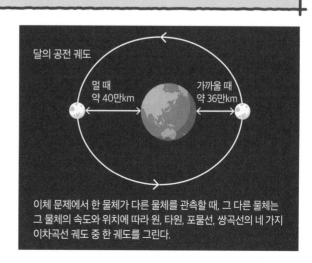

달의 공전 궤도

멀 때
약 40만km

가까울 때
약 36만km

이체 문제에서 한 물체가 다른 물체를 관측할 때, 그 다른 물체는 그 물체의 속도와 위치에 따라 원, 타원, 포물선, 쌍곡선의 네 가지 이차곡선 궤도 중 한 궤도를 그린다.

라그랑주 점(Lagrangian point)

그런데 천체가 2개가 아니라 하나 더 늘어서 3개가 됐을 때, 문제는 어려워져. 라그랑주 점이란 그들 사이에 중력의 균형이 잡히는 '안정되는 점'을 말해.

3개의 천체(예를 들어 지구와 달, 천체 X)에서 지구나 달에 비해 3번째 천체 X가 극도로 작을 때, 천체 X는 특정 위치에 머무를 수 있어. 이걸 라그랑주 점이라고 불러. 라그랑주 점은 5군데가 있는데 1760년경에 오일러가 아래 그림의 L1~L3 포인트(일직선상에 늘어선다)를 발견했

우주 식민지

지구와 달 사이에도 5곳의 라그랑주 점이 거론되고 있으며, 향후 인류가 거주할 수 있는 우주 식민지를 건설하는 방안도 고려되고 있다.

고, 라그랑주가 나머지 L4와 L5 포인트(정삼각형 위에 늘어선다)를 발견했어. 20세기에 들어 미국의 제라드 K. 오닐(1927~1992년)이 이 지점에 우주 식민지를 만들어 사람이 지구 밖에서 살 수 있다는 아이디어를 내놓으면서 라그랑주 점이라는 단어가 주목받게 되었지.

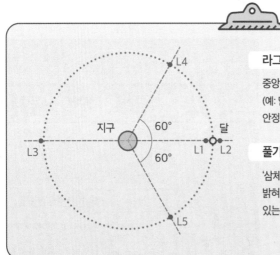

라그랑주 점

중앙에 있는 천체(예: 지구)에 대해 오른쪽 천체(예: 달)가 공전할 때, L1부터 L5 포인트가 안정된 점이다.

풀기 어려운 삼체 문제

'삼체'가 되면 매우 복잡한 운동을 한다는 사실이 밝혀졌다. 그래서 몇 가지 가정을 놓고 간략화할 때가 있는데, 그중 하나인 특수해가 라그랑주 점이다.

Condorcet

정의로운
수학자

콩도르세

다수결은 옳은가?

● 1743~1794년

● 니콜라 드 콩도르세

프랑스의 수학자, 정치가. 본명은 마리 장 앙투안 니콜라 카리타인데, '콩도르세'란 콩도르세 백작 땅의 영주였다고 해서 그렇게 불린다.

다수결의 원리에 따라 가장 미움받는(당선되지 않았으면 하는 사람) 사람이 당선될 가능성이 있다는 콩도르세의 역설(투표의 역리)을 발견했다.

여자아이처럼 자란 콩도르세

콩도르세는 북프랑스의 피카르디 지방에 있는 리브몽이라는 자그마한 마을에서 귀족의 아들로 태어났는데, 태어나자마자 군인인 아버지가 오스트리아 계승 전쟁(1740~1748년)에서 목숨을 잃었어. 어머니는 어린 콩도르세가 여덟 살이 될 때까지 여자아이처럼 키웠는데, 새하얀 옷을 입혔대. 그래서인지 거친 놀이를 좋아하지 않고 내향적으로 자랐어.

콩도르세의 어머니는 독실한 가톨릭 신자였고 아버지 쪽에도 신부의 신분을 가진 사람이 많았어. 그래서 나중에 수학자가 되겠다는 콩도르세를 한사코 말렸지. 콩도르세는 집을 나와 달랑베르의 집에서 신세를 지게 돼.

달랑베르에게 재능을 인정받다

파리의 나바르 대학에 입학한 콩도르세는 1759년에 어려운 해석 문제를 풀고 달랑베르 등 심사원들에게 좋은 평가를 받았어. 그리고 달랑베르 밑에서 매일 긴 시간 동안 수학 공부를 했어. 1765년(22세)에는 『적분론』을 파리 과학 아카데미에 제출해서 달랑베르, 라그랑주 등에게 인정을 받고 이른 나이에 과학 아카데미의 회원이 됐어.

파리 과학 아카데미에 제출해서 크게 칭찬을 받았다.

파리의 살롱에서 인맥을 넓히다

달랑베르는 콩도르세를 과학 아카데미뿐 아니라 살롱에도 데려갔어. 여기서 콩도르세는 살롱의 레스피나스에게 자신감이 없어 보이는 부분(손톱을 물어뜯는 버릇 등)을 교정 받았어. 살롱에서 『백과전서』파의 사람들과도 알게 됐어. 보통은 조용했지만, 가끔 정의와 관련된 일에서는 폭발하는 일도 있었다고 해.

콩도르세의 인물평

콩도르세는 평소에는 조용하지만 가끔 폭발을 하지. 마치 '눈 덮인 화산' 같아.

달랑베르의 평

다수결은 정말 옳은가?

1774년에 콩도르세는 조폐국 장관이 되어 『백과전서』에 재정 문제를 집필하고 사회과학에 수학을 적용하는 구상을 했어. 여기서 유명한 것이 '다수결(투표)의 역설'이야.

	X후보	Y후보	Z후보
A씨	1등	2등	3등
B씨	3등	1등	2등
C씨	1등	3등	2등
D씨	3등	1등	2등
E씨	3등	2등	1등
F씨	1등	2등	3등
G씨	3등	2등	1등

X씨 **3표**   Y씨 **2표**   Z씨 **2표**

X후보   Y후보   Z후보

다수결이면 X후보로 결정되는데, 그게 정말 민심인가?

(1) 3명 중에서 다수결(1등)로 정한다면 X후보가 당선!

(2) 가장 뽑고 싶지 않은 사람도 X후보(모순)

(3) X와 Y가 대결하면 Y가 이기고 X와 Z가 대결하면 Z가 이기기 때문에 X는 아무에게도 이기지 못한다

X의 당선을 바라는 사람은 별로 없어서 X와 Y의 대결에서도 X와 Z의 대결에서도 X는 지는 건데 Y와 Z가 물러서지 않고 입후보한 탓에 가장 지지를 받지 못했던 X가 당선됐다는 사실을 알 수 있어. 콩도르세는 이렇게 다수결에 허점이 있다는 사실을 주장했어. ※2000년의 미국 대선(고어 vs 부시) 때 랄프 네이더가 출마하면서 이 역설이 일어났어.

사회 문제에 메스를 댄 콩도르세

프랑스 혁명이 발발한 1789년, 콩도르세는 무상 교육, 남녀공학 도입 등 공적 교육에 관한 의견을 발표했어. 그리고 부랑자를 거열형(죄인의 다리를 두 대의 수레에 한쪽씩 묶어서 몸을 두 갈래로 찢어 죽이던 형벌)에 처하는 것을 반대해 주목을 받았고, '흑인 친구회'를 만드는 등 사회적 약자에게도 눈을 돌렸어.

그리고 프랑스 혁명이 진행되면서 입헌파에서 공화파로, 또다시 왕정폐지파로 입장을 계속 바꾸고 국민공회의 의

원으로도 뽑혔어. 하지만 정치에 개입하면서 콩도르세의 인생은 뒤틀리기 시작했지.

국왕 루이 16세(1754~1793년)의 처형에 관해 '국회에는 사법권이 없다'라며 처형 반대를 외쳤다고 해서 '지롱드당의 일원'으로 오해받았는데, 정변이 일어나 지롱드당이 체포당하기에 이르자 콩도르세에게도 체포장이 나와 도피 생활을 하게 됐어.

이런 와중에 아내에게는 이혼 통보를 받았고, 또 숨어 살던 집안사람들에게 불똥이 튀지 않을까 염려해서 스스로 도피 생활에 종지부를 찍고 체포당했어. 그는 결국 감옥에서 독극물을 마시고 스스로 목숨을 끊었어(독살당했다는 설도 있다).

콩도르세의 인생은 그야말로 프랑스 혁명에 농락당한 일생이었어.

사회 문제에 대한 관심과 이의 제기
● 거열형 반대
● 노예 매매 반대

콩도르세

균등한 교육 기회
● 남녀공학 도입
● 교육의 무상화
● 국가 권력의 개입 금지

'격동의 시대'에 휘말리다

입헌파에서('1789년 클럽' 설립)

공화주의자였다가(왕정 유지)

다시 왕정폐지파로(국왕이 도망간 것을 계기로)

국민공회의 의원으로 선출

루이 16세의 처형에 반대(처형이 실시됨)

헌법 초안을 제출(→적대 세력이 수정)

지롱드당 체포, 처형 시작

도피 생활 끝에 체포, 사망

몽주

칠전팔기
인생

화법 기하학의 아버지

● 1746~1818년

● **가스파르 몽주**

프랑스의 수학자, 공학자. 3차원의 입체를 2차원의 평면 위로 투영함으로써 모양, 크기, 위치 등을 연구하는 기하학을 개발했고, 그 공적으로 '화법 기하학의 아버지'라 불린다. 외세로부터 조국 프랑스를 지키기 위해 한 몸 바쳐 공장에서 지도하고 열과 성의를 다해 학생들을 가르쳐서 존경을 받았다.

몽주의 성장

프랑스의 본에서 태어났어. 집안이 넉넉하지는 못했지. 어릴 적부터 천재적인 모습을 보였는데 머릿속으로 도면을 떠올리는 재능이 있었던 모양이야. 14세 때 종이 도면 없이 소화 펌프를 만들었거든. 16세 때는 본의 마을 지도를 그렸는데, 그걸 본 장교가 몽주를 사관학교에 보내라고 아버지를 설득한 덕분에 몽주는 학교에 갈 수 있었어. 하지만 당시 사관학교는 '상류 계급을 위한 학교'라서

하층 계급 출신인 몽주는 본과가 아니라 별과로 진학하게 됐어. 이 일이 몽주의 마음에 특별 계급에 대한 반발심을 키웠던 것 같아.

몽주의 화법 기하학

몽주는 사관학교에 입학한 후에 출제된 요새 계산 과제를 믿을 수 없을 만큼 짧은 시간에 풀었다고 해. 그게 바로 '화법 기하학'(Descriptive geometry)의 발단이 되었어. 화법 기하학이란 3차원의 입체를 2차원의 평면도형으로 그리는(투영하는) 기법을 말하는데, 독일의 화가이자 수학자이기도 했던 뒤러(1471~1528년)가 처음으로 고안하고 몽주가 완성했어.

그래서 몽주는 '화법 기하학의 아버지'라고 불리게 되었어. 몽주의 방법을 사용하면 3차원 물체의 모든 측면은 실제 사이즈와 모양으로 설명할 수 있고, 2차원 평면 위에 표시할 수 있어. 이 성과로 몽주는 사관학교 교수 자리를 맡을 수 있었어.

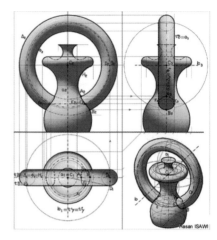

화법 기하학의 예
(출처: Hasan ISAWI)

친구를 얻다

몽주는 파리 과학 아카데미에서
진정한 친구를 많이 얻었다.

몽주는 파리의 과학 아카데미에 곡률 등에 관한 논문을 제출하여 달랑베르, 콩도르세, 라플라스 등에게 인정받고 34세(1780년)에는 아카데미의 회원이 되기도 했어. 그리고 43세(1789년)에 프랑스 혁명이 일어났지. 몽주는 혁명 투쟁에 참가하고 콩도르세의 뜻에 따라 지롱드당 내각에도 가담했지만, 의원으로서는 큰 성과를 올리지 못했어.

프랑스의 군사적인 면에서 공적을 쌓다

그런데 프랑스 혁명이 점차 진행되고 프랑스 내에서 '인민 평등' '귀족 계급 타파' 등을 외치기 시작하자 주변 나라들은 자국에도 혁명의 여파가 퍼질 것을 염려해서 프랑스에 군사적으로 개입할 낌새를 보이기 시작했어. 프랑스의 혁명 정부는 열강 타파를 외쳤지만, 전쟁에 필요한 철(정제 기술이 필요)이나 화약(초석이 원료)을 주로 영국에 의존하고 있었는데, 그 영국이 적국이 되었으니 프랑스는 한시라도 빨리 군사 물자를 조달해야 했어.

프랑스 혁명 후 프랑스는 사면초가에 빠졌다. 영국을 적으로 돌렸다는 이유로 철(영국), 초석(인도 = 영국령) 등의 군사 물자 수입이 끊겼다.

몽주, 무기 개발에 공헌!

몽주는 순수 수학뿐 아니라 응용 수학에도 뛰어났어. 마침 내각을 그만두고 군사 공장 책임자가 된 몽주는 새로운 철 정제법을 생각해 냈고, 나아가 화약의 원료인 초석을 프랑스 각지에서 생산할 것을 제안했어.

1580년경, 초석을 만드는 풍경: 퇴적물에서 발효한 초산칼륨을 수집한 후 공장(A)의 보일러로 끓여 농축했다.

몽주 ● Monge

소변으로 초석(초산칼륨)을 만든다

아래 방법은 초석을 만드는 전통적인 방법인데, 5년이 걸려 흙의 2~3% 정도 되는 초석을 얻을 수 있었어.

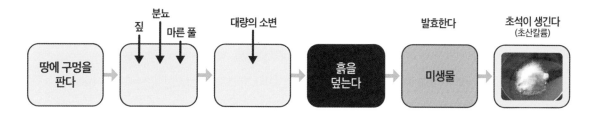

짚　분뇨　마른 풀　대량의 소변　　발효한다　초석이 생긴다 (초산칼륨)

땅에 구멍을 판다 → → 흙을 덮는다 → 미생물 →

몽주에게 체포장이 나오다!

프랑스 국내에서는 과격파인 로베스피에르(자코뱅당)가 '지롱드당 사냥'을 추진하고 있었어. 몽주는 그런 줄도 모르고 프랑스를 구하기 위해 공장에서 지도를 하고 있었는데, 1794년에는 몽주도 지명수배를 당하기에 이르렀어. 그런데 체포 직전에 테르미도르 반동(1794년 7월 정변)이 일어났고, 오히려 로베스피에르 등의 과격파가 전부 숙청되었어. 이렇게 몽주는 구사일생으로 살아남았지.

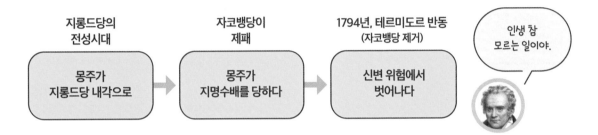

지롱드당의
전성시대

몽주가
지롱드당 내각으로

자코뱅당이
제패

몽주가
지명수배를 당하다

1794년, 테르미도르 반동
(자코뱅당 제거)

신변 위험에서
벗어나다

인생 참
모르는 일이야.

후배 지도에 힘을 쏟은 몽주

테르미도르 반동 후에 혁명 정부는 과학 기술자 양성을 위해 설립한 에콜 폴리테크니크(이공과대학교)의 교수로 몽주를 채용(1794년)했어. 여기서 몽주는 특기인 화법 기하학과 해석 기하학을 가르쳤고, 그것을 응용하는 데까지 힘을 쏟았어. 그리고 에콜 노르말(고등사범학교)에서의 강의는 1795년에 『화법 기하학』, 1801년에는 『기하학의 응용 해석학』으로 출판되었어.

치매 상태로 죽음을 맞이하다

몽주는 나폴레옹의 지시로 발굴 조사를 위해 이집트 원정에도 나섰어. 그리고 나폴레옹의 명령으로 국회의원이 됐지만, 나폴레옹이 몰락한 후에 오히려 그게 화가 되어 부활한 부르봉 왕조에게 추방을 당했어. 그 후에는 무력감 때문인지 치매 상태로 세상을 떠났다고 해. 지롱드당으로 체포당하는 것은 면했지만, 나폴레옹과 거리가 가까웠던 것이 그의 마지막을 불행하게 만들었어.

Column 9

마방진을 뚝딱 그린 뒤러

몽주는 '화법 기하학의 아버지'라고 불렸는데, 그보다 200년이나 빠른 선구자가 있었어. 바로 독일의 수학자이자 화가인 알브레히트 뒤러(1471~1528년)야. 뒤러의 대표작인 〈멜랑콜리아〉(Melencolia, 우울)에는 과학적, 수학적인 요소가 가득 들어 있어. 아래 그림에 모래시계, 구, 저울 같은 것들이 보이지?

사실 이 그림에서 주목해야 할 포인트는 그림 오른쪽 위에 그려진 '마방진'이야. 자연수를 정사각형 모양으로 나열하여 가로, 세로, 대각선으로 배열된 각각의 수의 합이 전부 같아지게 만든 것인데, 3×3에 비해 4×4짜리 마방진은 확연히 어려워져. 뒤러의 〈멜랑콜리아〉에는 제작한 해인 1514까지 은근슬쩍 들어가 있어. 수학자 뒤러의 모습이 생생하게 드러나는 부분이지.

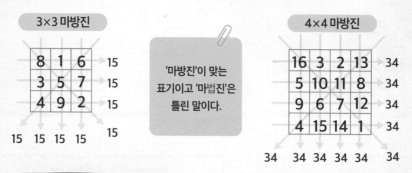

'마방진'이 맞는 표기이고 '마법진'은 틀린 말이다.

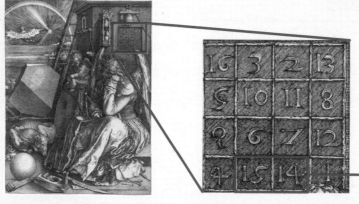

1514(제작 연도)

라플라스

논문 기계

프랑스의 뉴턴이라 불린 남자

● 1749~1827년

● **피에르 시몽 라플라스**

프랑스의 수학자, 물리학자, 천문학자. 『천체 역학론』과 『확률의 해석적 이론』을 썼다.

● **라플라스의 악마**

현재에 대한 모든 정보(원자의 위치나 운동량 등)를 알 수 있는 존재(전지전능)를 말한다. 라플라스는 그것이 존재한다고 가정한다면, 그 이후는 물리의 법칙에 따라 미래를 완전히 예측할 수 있다고 했다.

● **베이즈 통계학**

라플라스는 베이즈의 정리를 독자적으로 발견하고 체계화했다.

라플라스의 성장

유소년 시절의 라플라스는 거의 알려지지 않았어. 농부의 자식으로 프랑스 노르망디의 보몽에서 태어나, 공부를 잘한 덕분에 자산가의 원조를 받고 신학을 배울 목적으로 캉 대학에 입학했어. 라플라스는 대학에 들어가 교수인 르 카뉴의 영향을 강하게 받고 수학에 관심을 가졌어.

그 후 19세 즈음 '수학계를 지배하겠다'라는 큰 꿈을 안은 채 르 카뉴의 소개장을 갖고 달랑베르를 찾아갔어. 그런데 듣는 시늉도 안 하는

노르망디
지방

프랑스

거야. 이때 '소개장 같은 건 필요가 없구나'라는 사실을 알아챈 라플라스는 숙소로 돌아와 곧장 '역학의 원리'에 대해 자신의 생각을 정리해 달랑베르에게 보냈는데 그것으로 인정을 받았대.

며칠 후 라플라스는 달랑베르의 추천을 받고 파리의 육군사관학교 수학 교수직을 얻게 되었어.

논문 기계 라플라스

라플라스는 파리 과학 아카데미에 계속해서 논문을 보낸 덕분에 24세에 과학 아카데미 회원으로 뽑혔어. 그리고 1783년, 왕립 포병학교의 시험관으로 취임했는데, 그때 수험생 중에 나중에 포병대장, 그리고 황제의 자리까지 꿰찼던 나폴레옹이 있었어.

1789년, 라플라스가 40세일 때 프랑스 혁명이 일어났어. 라플라스는 적극적으로 혁명에 얽히지는 않았고, 겉으로만 혁명 정부에 순종하는 척을 했어.

1794년에 테르미도르 반동으로 과격파의 로베스피에르가 쓰러지자, 에콜 노르말의 수학 교수가 됐어. 그리고 1799년 브뤼메르의 쿠데타로 나폴레

1794년 테르미도르 반동(쓰러지는 로베스피에르)

라플라스 ● Laplace

옹이 실질적으로 정권을 잡자 라플라스는 내무대신으로 임명됐는데, 아쉽게도 행정 능력은 없었는지 바로 해임됐어.

라플라스가 쓴 『천체 역학론』의 핵심은?

주요 저서인 『천체 역학론』에서 라플라스가 하고 싶었던 말은 '우리 태양계는 안정적인가, 불안정적인가'에 관한 것이었어. 라플라스 전에 라그랑주는 태양과 행성의 중력을 생각했는데, 라플라스는 그걸 태양계 전체의 문제로 발전시켰어. 그러자 달이 지구로 떨어진다거나 점점 멀어질 수도 있는가, 수성이 태양에서 멀어져 목성 주변을 돌게

될 수도 있는가 하는 의문이 생겼어.

뉴턴은 우주의 창조주(신)가 태양계를 모이게 했다고 생각했어. 그에 반해 라플라스는 태양계의 천체에 작용하는 중력을 해석함으로써 '태양계는 안정되었다'라는 사실을 증명했어. 이것이 『천체 역학론』의 결론이었지.

그리고 운동을 해석하고 실측하면서 '에테르'(빛을 파동으로 생각했을 때 이 파동을 전파하는 매질로 생각되었던 가상의 물질)의 존재를 부정했어.

이런저런 모든 정보를 알면 미래에 일어날 일을 전부 알 수 있어.

나폴레옹과 『천체 역학론』 문답

라플라스에게 『천체 역학론』을 받은 나폴레옹은 다음과 같은 질문을 했다고 해.

"이 두꺼운 책 속에는 우주의 창조주(신)에 대해서는 일절 언급이 없는 것 같은데, 그 이유가 무엇인가?"

라플라스는 대답했어.

"폐하, 그 가설(신의 존재)은 필요가 없었기 때문입니다."

라플라스의 소신이 담긴 답변이었지. 그 후 나폴레옹은 그 답을 라그랑주에게 전했어. 아마 일부러 그랬을 거야. 그러자 라그랑주는 기지를 발휘해서 이렇게 대답했대.

"폐하, 그건 매우 아름다운 가설이군요."

이 짧은 문답에서 라플라스와 라그랑주의 성격 차이와 나폴레옹의 장난기가 얼핏 보이지 않아?

라플라스의 흔들리는 마음

라플라스의 초상화

라플라스는 또 다른 대표 저서 『확률의 해석적 이론』에 어마어마한 헌사를 남겼어.

"나폴레옹 황제에게 바침. 폐하, 신이 『천체 역학론』을 바쳤을 때에 보여 주신 폐하의 호의 때문에 신은 확률 계산에 관한 이 저술도 폐하에게 바치고자 하는 소망을 억누를 수 없습니다. (중략) 이 책은 폐하에 대한 무한한 칭송과 존경의 마음으로 집필한 것입니다. 새로운 책을 받아 주셨으면 합니다. 폐하의 더없이 천하고, 더없이 유순한 종이자, 충성되고 선량한 신하 라플라스 바침."

하지만 나폴레옹이 러시아 원정에서 패하자 손바닥 뒤집듯이 나폴레옹의 퇴위에 찬성하고 루이 18세가 즉위하자 그의 발밑에 넙죽 엎드렸어. 게다가 『확률의 해석적 이론』에 적었던 헌사를 루이 18세에 바치는 헌사로 수정했다고 해.

라플라스의 지조 없는 삶은 비난을 받기도 하지만 젊은 학생들을 향한 배려 있는 모습으로 칭송을 받기도 해. 수학자 비오가 아직 청년이던 시절, 라플라스가 출석한 모임에서 연구 보고를 한 적이 있었어. 비오가 보고를 마치고 난 뒤 라플라스는 그를 한쪽 구석으로 데리고 가서 오래된 자신의 원고를 보여 주었어. 비오가 보고한 것과 같은 내용으로 아직 발표하지 않은 것이었지. 라플라스는 이 일을 절대로 발설하지 말라고 주의를 주고 나서 자기보다 먼저 그 연구를 발표하고 출판하라고 권했다고 해. 이것은 라플라스의 다른 면을 보여 줘.

라플라스 ● Laplace

Fourier

푸리에

푸리에 급수로 이름을 남기다

● 1768~1830년

● **장 밥티스트 조제프 푸리에**

프랑스의 수학자, 물리학자. 고체 내의 열전도를 연구해 열전도 방정식(미분방정식)을 이끌어 냈다. 푸리에는 열전도 문제를 해석하는 중에 주기 함수를 삼각함수의 합으로 나타낼 수 있다고 생각했다. 그리고 그것을 비주기 함수로 확장한 것이 푸리에 변환이다.

푸리에의 성장

파리의 동남쪽 160km에 있는 오제르에서 재봉사의 아홉 번째 아들로 태어났어. 여덟 살 때 아버지를 잃고 고아가 된 그는 주교에게 맡겨졌고 (다른 설도 있다), 지방의 육군유년학교에 입학했어.

푸리에는 일찍이 수학에 재능을 나타냈어. 졸업 후에는 육군사관학교에 들어가고 싶어 했는데, 사관학교는 귀족 계급만 들어갈 수 있었던 탓에 어쩔 수 없이 수도원에 들어갔어. 푸리에는 수도원에서도 수학을 열심히 공부했대.

오제르

프랑스

혁명이 푸리에에게 '자유'를 주다

시대가 바뀌지 않았다면 수도사로서 살았을 푸리에인데, 1789년에 프랑스 혁명이 일어나고 21세인 그는 신분 제도에서 해방되었어. 그 후 푸리에는 교사, 그리고 오제르 혁명 위원회의 위원장으로도 뽑혔어. 하지만 과격파인 로베스피에르와 척을 지고 체포를 당하기도 했지.

혁명 정부는 화학자 라부아지에를 처형하는 등, 처음에는 '공화국에 과학자는 필요 없다'라는 자세를 취했지만, 점점 과학 기술이나

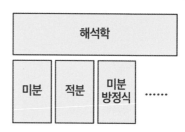

푸리에는 수도원을 뛰쳐나와 파리에서 교사가 되었다.

푸리에 ● Fourier

교육의 필요성을 인식하기 시작했어. 1794년 10월, 혁명 정부는 교원을 양성하는 에콜 노르말을 설립했어. 푸리에는 거기서 수학 교사직을 얻었지만, 이듬해 5월에 학교가 폐교되었어(나폴레옹이 1808년에 다시 열었다). 하지만 지인인 몽주의 추천으로 1794년에 설립된 에콜 폴리테크니크의 해석학(미적분) 교사가 될 수 있었어.

이집트 원정에 동행, 현지에 남겨지다

1798년에 나폴레옹은 5만의 병력을 이끌고 이집트로 원정을 떠났어. 영국에 부를 가져다 주는 원천을 끊는 것, 그러니까 영국과 인도의 길목에 있는 이집트로 가서 영국의 권익을 끊는 것이 목적이었어. 그리고 과학과 수학에 관

심이 많았던 나폴레옹은 이집트의 역사적 유산을 기록할 목적으로 라그랑주, 몽주, 화학자 베르톨레, 그리고 푸리에 등 일류 과학자와 기술자 167명을 이집트에 데리고 가서 연구하게 했어.

이집트를 3주 만에 제압한 나폴레옹이었지만, 해상에서는 영국 해군인 넬슨 제독이 아부키르 만에서 프랑스 함대를 무찔렀고 육지에서도 이

집트의 지원자였던 오스만 제국(22만 명)의 반격을 맞닥뜨렸어. 또한 프랑스 본토가 영국과 오스트리아의 공격을 받았다는 사실을 접하고 1799년 8월, 나폴레옹은 급히 파리로 귀국했어. 그때 라그랑주, 몽주 등 일부 사람들도 같이 갔는데, 푸리에를 비롯한 많은 군인은 이집트에 체류하다가 1801년에 프랑스가 싸움에 패하고 난 뒤에야 겨우 귀국할 수 있었어.

권력자가 바뀔 때마다 변심한 푸리에

푸리에는 프랑스로 귀국 후 나폴레옹에게 이제르 주의 지사로 임명받았어. 푸리에는 늪지를 개발해서 경작지를 늘리는 임무를 이행했고(나폴레옹이 남작 자리에 앉혔다), 수학 연구에서는 푸리에 급수 이론을 발표하는 등 다방면으로 활약했어.

하지만 시대가 변화하자 푸리에의 대응도 바뀌었는데, 그게 화를 불렀

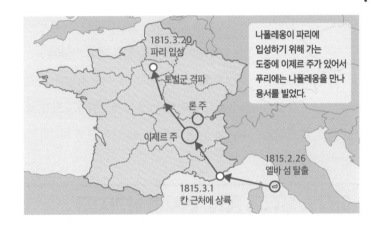

나폴레옹이 파리에 입성하기 위해 가는 도중에 이제르 주가 있어서 푸리에는 나폴레옹을 만나 용서를 빌었다.

어. 푸리에를 아끼던 나폴레옹이 연합군에 패하고 엘바 섬으로 유배되자 연합군들이 왕의 자리에 앉힌 루이 18세(부르봉 왕조의 왕정복고)에게 충성을 맹세한 덕분에 계속 이제르 주의 지사를 맡을 수 있었어.

하지만 루이 18세의 정치는 평이 좋지 않았고, 나폴레옹의 후임을 정하지 못하고 있는 틈을 타 나폴레옹이 엘바 섬에서 탈출해 파리를 향해 파죽지세로 진군을 하자 급히 나폴레옹에게 충성을 맹세했어(론 주의 지사로 이동).

말년은 무사태평하게 보낸 푸리에

나폴레옹의 부활은 100일 천하로 막을 내렸고, 푸리에도 추방되었어. 하지만 옛 제자의 힘으로 통계국의 국장이 되었고, 무사태평하게 인생을 마칠 수 있었어.

혁명과 함께 수학자로서의 인생이 열렸고, 이집트에서는 남겨지고 주지사로서 우왕좌왕하면서도 야무지게 행정관과 수학자로서 연구하며 살았던 푸리에. 그는 처세 덕분에 위험한 상황을 피해 갈 수 있었어.

푸리에 변환

심장의 파형, 뇌파, 성문(주파수로 음성을 분석하는 것), 지진파, 전파 등은 무척 복잡한 파형(복잡한 함수 그래프)을 띠고 있는데, 이런 복잡한 파형도 몇 가지 사인(sin)이나 코사인(cos)의 삼각함수로 분해할 수 있고, 반대로 몇 가지 sin 이나 cos의 삼각함수에서 복잡한 파형을 만들어 낼 수 있다는 사실이 알려져 있어. 이걸 '푸리에 변환'이라고 불러. 푸리에는 고체 내의 열전도 방정식을 풀기 위해 복잡한 주기함수를 삼각함수로 분해하는 방법(푸리에 변환)을 생각 했어. 현재는 헤드폰에 쓰이는 노이즈 캔슬링이나 jpeg(데이터 압축) 등에 푸리에 변환이 쓰여.

푸리에 ● Fourier

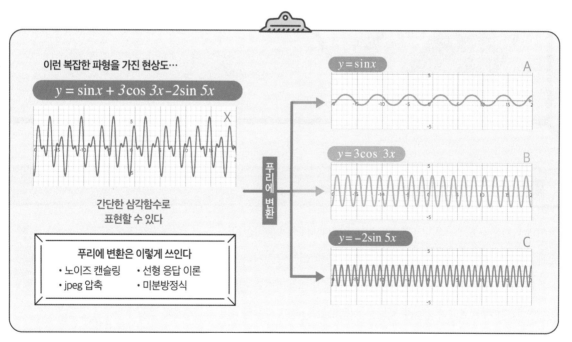

이런 복잡한 파형을 가진 현상도…

$$y = \sin x + 3\cos 3x - 2\sin 5x$$

X

간단한 삼각함수로 표현할 수 있다

푸리에 변환은 이렇게 쓰인다
- 노이즈 캔슬링
- 선형 응답 이론
- jpeg 압축
- 미분방정식

푸리에 변환

$y = \sin x$ A

$y = 3\cos 3x$ B

$y = -2\sin 5x$ C

Cauchy

수학을
하기 위해
태어난 사람

코시

해석학의 태산북두

● 1789~1857년

● **오귀스탱 루이 코시**

프랑스의 수학자. 코시의 수학적 업적은 매우 많은데, 가장 큰 공로는 해석학을 엄밀한 기초 위에 올려놓은 것이다. '무한소'라는 애매한 개념상에 있던 미적분을 극한(極限), 연속, 급수의 합 등의 개념을 확립함으로써 합리화시킨 공적이 크다.

생일은 1789년 8월 21일. 그는 프랑스 혁명이 일어나기 5주 전에 태어났다. 코시는 아벨이나 갈루아에게 실수한 것은 있었지만, 해석학에서 태산북두(태산과 북두칠성처럼 사람들이 우러러보는 존재)였다는 사실은 틀림없다.

파리에서 아르쾨유로 도망

코시의 가족은 프랑스 혁명(1789년)을 피해 파리에서 2km 떨어진 아르쾨유로 도망쳤어. 아르쾨유는 파리와 가까운 만큼 여러 수학자나 과학자들이 살고 있었어. 그중에서도 코시의 아버지가 라플라스와 친분이 있었던 덕분에 코시의 비범한 재능을 처음으로 발견한 사람은 라플라스였어. 그 밖에도 게이뤼삭(화학자), 훔볼트(지리학자)와도 알고 지냈지.

굶주림 상태에서 가까스로 살아남다

코시의 유소년기는 배고픔과 싸우는 시간이었어. 코시의 아버지 프랑소와는 경찰 대리관의 비서 지위에 있었기 때문에 혁명 정부를 피해 몸을 숨겨야 했어. 그래서 코시의 가족은 아르퀴유로 도망한 후 자급자족으로 연명해야 했지. 그런 상황에서도 아버지 프랑소와는 교육에 열정적이어서 코시에게 직접 역사나 도덕, 문법, 라틴어 등을 가르쳤어. 종교에도 진심이어서 코시를 신실한 가톨릭 신자로 길렀지.

먹을 것이 없었던 탓에 어린 시절에는 매우 마르고 작았다.

라틴어

문법

도덕

시

열정적인 가톨릭 신자

코시의 아버지는 직접 만든 교과서로 가르쳤다.

코시 ● Cauchy

깜짝 놀란 라플라스와 라그랑주

코시는 아버지를 통해 라플라스와 만날 수 있었는데, 라플라스는 너무나도 마른 코시의 모습과 수학적 재능에 깜짝 놀랐어. 그리고 1800년, 아버지가 파리의 원로원 서기로 선출되고 얼마 지나지 않아 가족이 파리로 돌아왔을 때, 이번에는 라그랑주가 코시의 수학적 재능에 깜짝 놀랐어.

이렇게 수학적인 재능을 인정받은 코시는 1805년, 에콜 폴리테크니크에 입학했고, 토목대학까지 우수한 성적으로 졸업했어. 그리고 나폴레옹의 명령으로 셰르부르 항구 건설에 참여했어. 셰르부르는 영국 공략의 거점으로 지목되었지.

에콜 폴리테크니크의 엠블럼

못 말리는 코시의 성격

코시는 라틴어부터 수학까지 다재다능한 능력을 보여 줬어. 하지만 아버지에게 가톨릭 교육을 엄격하게 받아 왔기 때문인지, 종교 일만 얽혔다 하면 물불을 가리지 못했어.

실제로 코시는 셰르부르로 향할 때 『천체 역학론』(라플라스)과 수학서인 『해석 함수론』(라그랑주), 라틴 문학의 최고 봉이라 평가받는 『베르길리우스 시집』, 그리고 제2의 복음서로 알려진 『그리스도를 본받아』(토마스 아 켐피스)까지 4권의 책을 챙겼어. 여기서도 코시가 얼마나 가톨릭에 심취해 있었는지 엿볼 수 있지.

베르길리우스를 그린 3세기의 모자이크화. 베르길리우스는 BC 70년경부터 BC 19년까지 살았던 로마의 가장 위대한 시인이다. (출처: Giorces)

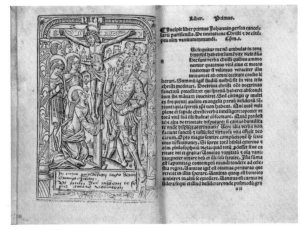

『그리스도를 본받아』는 1418년경에 토마스 아 켐피스가 쓴 중세 최고의 신앙서다.

시간 관리의 천재?

셰르부르에서 코시는 눈코 뜰 새 없이 바빴어. 그의 편지를 보면 알 수 있지.

"나는 새벽 네 시에 일어나 아침부터 밤까지 매우 바쁩니다. 이번 달에는 스페인 포로가 도착해서 할 일이 더 늘었습니다. (중략) 최근 여드레 동안에는 포로 1,200명 때문에 판잣집도 짓고 침대도 준비해야 했습니다. (중략) 건강에는 문제가 없습니다."

그렇게 바쁜 와중에도 시간을 짜내 수학부터 천문학에 이르기까지 확실하지 않은 온갖 부분들을 밝혀냈어. 그중에서도 다면체와 대칭 함수에 관한 논문 2편이 수학자들의 주목을 받았어.

코시는 군항 건설 임무와 수학 연구에 몰두했다.

코시 • Cauchy

나폴레옹의 몰락

1810년에 셰르부르의 임무를 시작하고 나서 3년이 지난 1813년에 24살이 된 그는 파리로 돌아왔어. 과로 때문인지 몸이 망가진 것이 원인이라고 하는데, 그사이에 1812년에는 나폴레옹이 모스크바 원정에 대실패를 하고 1813년에는 라이프치히 전투에서 연합군에 패했어. 나폴레옹의 마음속에서 영국 침공의 야욕은 사라졌고, 셰르부르 걱정을 할 때가 아니었지.

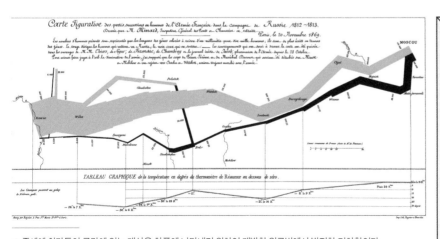

이 그래프는 프랑스군의 규모가 점점 축소되는 모습을 나타낸다. 출발했을 때(왼쪽) 77만이었던 군대는 귀국 때 10만 명 이하로 줄어들었다. 기온은 영하 37.5℃였다. 원정에 참전한 수학자 퐁슬레는 러시아군의 포로가 되었지만, 바닥에 그림을 그려 사영기하학★ 연구를 했다고 한다.

★ 중세에 화가들이 공간에 있는 대상을 화폭에 나타내기 위하여 개발한 원근법에서 발전한 기하학이다.

그 후의 코시

코시는 평생 800편의 논문을 남겼어(오일러 다음으로 많다고 한다). 게다가 그 논문은 한 권당 300페이지를 넘는 것도 있어서 인쇄비도 많이 들었어. 결국 '4페이지가 넘는 논문 금지' 사태까지 불렀지.

또한 샤를 10세가 1830년에 일어난 정변(7월 혁명)으로 추방당했을 때, 코시는 샤를 10세를 따라 파리를 떠났어. 후계자 교육까지 맡았기 때문에 수학계 쪽에서 보면 허송세월을 보낸 셈이야. 1838년 드디어 샤를 가에서 탈출해 파리로 돌아온 후에 500여 편의 장문의 논문을 썼다고 해.

평생 800편의 논문을, 그것도 장문의 논문을 쓴 코시.

천재의 치명적인 약점

또 잃어버렸네…

아벨, 갈루아의 중요한 논문을 분실해서 그들의 앞길을 막은 코시에 대한 비판은 크다.

코시는 탁월한 수학자였지만, 수학 역사상 돌이킬 수 없는 오점도 남겼어. 젊은 천재 수학자 아벨, 그리고 갈루아의 논문 심사를 담당하면서 그들의 논문을 잇달아 잃어버렸거든. 엄청난 실수를 저지른 거지. 이로 인해 갈루아는 살아있을 때 제대로 평가받지 못했고 사후 10년이 되어서야 논문이 발굴되어 비로소 가치를 인정받게 돼.

만약 그가 수학 천재들의 논문을 잘 간직해 제대로 평가하고 발전시켰다면 아마도 현대 수학은 또 다른 길을 걷고 있을지도 몰라.

아벨

비운의
천재 수학자

비평이 불가능한 대단한 논문을 쓰다

● 1802~1829년

● **닐스 헨리크 아벨**

노르웨이의 수학자. 당시 노르웨이는 덴마크 지배 아래에 있다가
스웨덴으로 양도되는 시대였다. 목사의 아들로 태어났지만 18세
때 아버지가 스스로 목숨을 끊어 집안의 가장이 되었다. 궁핍한
생활 속에서도 수학 재능을 인정받아 300년 동안 풀리지 않은
'5차방정식 이상에는 대수적인 근의 공식이 존재하지 않는다'는
사실을 증명했다. 그러나 비운이 겹치면서 승리의 여신은 아벨에
게 웃어 주지 않았다. 2002년, 그의 업적을 기려 아벨 상이 창설
되었다.

Before 아벨(1)

앞에서도 이야기했듯이, 15~16세기 유럽에서는 '방정식 대결'이 한창 유행했어. 이기면 명예를 얻고 경제적으로도
성공하며 대학 교수가 될 가능성도 있었어. 출세의 지름길이었지.

그사이에 이차방정식은 물론 삼차방정식, 사차방정식의 근의 공식도 발견됐어. 그럼 다음은 오차, 육차방정식의
근의 공식이지. 수학자들은 혈안이 되어 연구했지만 카르다노(1501~1576년) 이후로 300년 동안 발견하지 못했어.

Before 아벨(2) 대수적인 해법

대수학의 기초 정리를 연구했던 알버트 지라드(1595~1632년)는 '오차(5차) 이상의 방정식도 반드시 풀 수 있을 테지만 매우 어려울 것이다'라고 예상했어. 사차까지는 근의 공식이 있었으니 오차(5차) 이상에서도 있으리라고 생각하는 게 당연하잖아. 천재 가우스는 '오차(5차) 이상의 방정식에서는 대수적인 해법은 거의 불가능'하다고 예측했지만 그에 대한 충분한 설명은 없었지.

이탈리아의 수학자로 의사이자 철학자이기도 했던 파올로 루피니(1765~1822년)는 불완전하긴 하지만 오차(5차) 이상의 방정식에서는 대수적인 해법이 불가능하다는 사실을 증명했어.

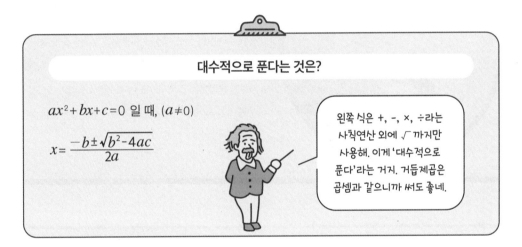

대수적으로 푼다는 것은?

$ax^2+bx+c=0$ 일 때, $(a \neq 0)$

$$x=\frac{-b \pm \sqrt{b^2-4ac}}{2a}$$

> 왼쪽 식은 +, −, ×, ÷라는 사칙연산 외에 $\sqrt{}$ 까지만 사용해. 이게 '대수적으로 푼다'라는 거지. 거듭제곱은 곱셈과 같으니까 써도 좋네.

아벨이 종지부를 찍다!

1824년, 아벨은 카르다노 이후로 300년 동안 풀리지 않았던 '오차(5차) 이상의 방정식에서 사칙연산이나 거듭제곱만으로 쓸 수 있는 근의 공식은 존재하지 않는다'라는 문제를 자비로 출판해서 증명해 보였어. 하지만 궁핍했던 아벨은 책을 많이 찍지 못해 이걸 본 수학자도 적었지. 게다가 내용을 6페이지로 압축한 탓에 이해하기도 어려웠어.

1826년, 파리를 방문한 아벨은 또 하나의 중요한 논문(타원 함수에 관한 논문)을 당시 수학계의 최고봉인 파리 아카데미에 제출했어. '500년은 더 연구할 수 있는 수학적 과제를 남겼다'라는 평을 받은 역사적 논문이었는데, 담당 교수였던 코시는 논문 제목을 오해해 아마추어의 논문이라 여겼고 분실하기까지 했지.

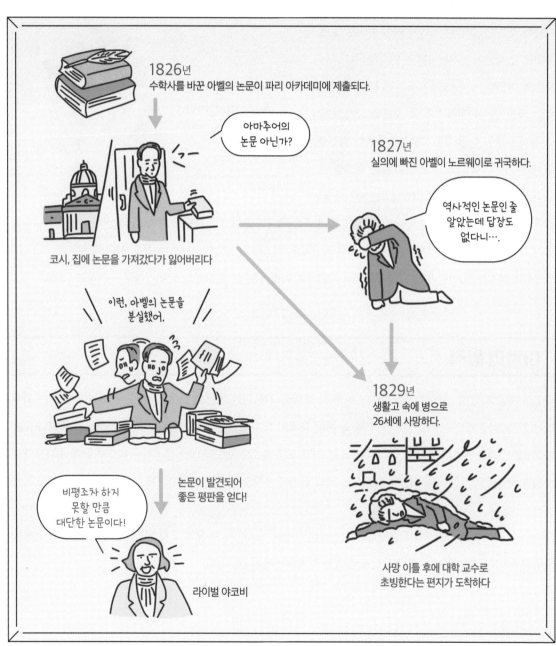

아벨의 최후

이듬해 1827년, 아벨은 실의에 빠진 상태로 노르웨이로 귀국했어. 그때 아벨과 연락을 주고받던 독일의 야코비(1804~1851년)가 논문 분실 사건을 알고 파리 아카데미에 논문을 찾도록 요청했어. 그 결과 논문은 찾았지만, 아벨은 1829년 4월 6일에 숨을 거두고 말았어. 이 논문이 좋은 평판을 얻고 베를린 대학에서 교수로 초빙한다는 편지를 받

아벨 상 로고

은 건 그가 사망하고 이틀이 지난 후였어. 1830년, 뒤늦게나마 프랑스 학사원 수학 부문 대상이 아벨에게 수여되었어. 이 해에 갈루아도 논문을 보냈는데, 그걸 갖고 갔던 푸리에가 사망하면서 이 논문도 사라졌어.

노르웨이 정부는 2001년 아벨 탄생 200년을 기념하여 아벨 상(수학)을 창설하고 매년 상을 수여하고 있어.

아벨의 업적

아벨이 처음에 썼던, 6페이지짜리 '오차(5차) 이상의 방정식'에 관한 논문은 가우스에게도 전해졌어. 하지만 가우스는 읽지 않았다고 해. 왜 그랬을까? 아벨의 논문 제목이 '오차(5차) 일반 방정식의 근의 불가능성을 증명하는 논문'이었던 것과도 관계가 있을 것 같아. 가우스는 이미 '모든 복소수 계수의 대수 방정식은 복소수 근이 존재한다'는 사실을 증명했고, '오차(5차) 이상의 방정식도 근의 공식이 존재할 것'이라 생각했기에 이를 중요한 논문이라고 생각하지 않았을 가능성이 높아.

하지만 결국 아벨은 유한개의 제곱근과 사칙연산을 이용해 오차(5차) 이상의 고차 방정식은 근의 공식이 없음을 증명했어. 이는 훗날 '아벨-루피니 정리'로 알려졌고 1924년에 출판되었지.

Galois

갈루아

혁명가이자 수학자

'군'이라는 새로운 세계를 연 남자

● 1811~1832년

● 에바리스트 갈루아

프랑스의 수학자, 혁명가(공화주의자), 군론의 창시자.
갈루아는 10대 시절에 수학의 오랜 난제였던 오차(5차) 이상의 고등 다항식을 거듭제곱근의 해로 나타낼 수 있는지 판별하기 위한 필요충분조건을 밝혔다. 이 과정을 통해서, 갈루아는 수열을 특정한 수학적 조건에 따라서 묶는 방법을 가리키는 군(group)이란 용어를 최초로 사용했다. 안타깝게도 살아 있는 동안에는 인정받지 못했다.

수학에 몰두한 갈루아

갈루아는 사교적인 교장인 아버지와 똑똑한 어머니 밑에서 장남으로 태어났어(누나와 동생까지 가족 5명). 갈루아는 프랑스 혁명(1789년) 후에 태어났는데, 왕정복고 등 평온하지 못한 시대에 살면서 왕정에 불만을 갖고 자랐어.

갈루아는 명문 리세 루이 르 그랑에 입학해 첫 해에는 우수한 성적(그리스어는 최우수상, 라틴어는 우수상)을 받았지만, 이후 학업에 소홀해져 유급했어. 다행히 다음 해부터 수학이 커리큘럼에 포함되었고, 르장드르의 교과서를 단 이틀 만에 독파하며 수학에 몰두했지. 다만 이 시기 '과한 자존심이 생겨난'(수학자 에밀 피카르의 평가) 탓인지 교사들의 평가는 좋지 않았다고 해.

운이 없었던 갈루아

1828년에 명문 에콜 폴리테크니크 입학 시험을 봤는데 떨어졌어(첫 번째 실패). 1829년 4월 1일에 17세에 처음 쓴 논문 「순환 연분수에 관한 정리 증명」을 발표했어. 한 달 후에는 소수차 방정식을 대수적으로 푸는 방법을 발견하고, 1829년 7월에 프랑스 학사원의 루이 코시에게 직접 건네줬어. 하지만 코시는 이 논문을 잃어버렸어(코시는 아벨의 논문도 잃어버렸다). 이듬해인 1830년에 7월 혁명이 일어나고 추방된 국왕 샤를 10세를 따라 코시도

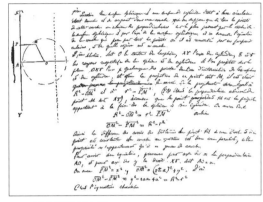

1829년에 쓴 갈루아의 논문

국외로 도피했어. 그 후 8년 동안 코시는 프랑스로 돌아오지 못했고 갈루아의 논문도 발견되지 못했지.

아버지의 자살, 수험 실패

갈루아가 논문을 제출한 1829년 7월, 갈루아가 존경하던 아버지 니콜라가 스스로 목숨을 끊었어. 니콜라의 반대 세력인 왕당파(보수 세력)가 니콜라에 관한 모욕적인 내용을 신문에 발표했는데, 그 압박을 견디지 못했기 때문이라고 해.

그 직후에 갈루아는 에콜 폴리테크니크에 들어가려고 본 두 번째 시험에도 실패했어. 같은 학교에 시험을 볼 수 있는 기회는 두 번뿐이어서 수준 높은 수학 교수진과 자유로운 교풍을 가진 이 학교의 입학은 좌절됐어. 대수에 대한 질문을 반복하는 면접관에 화가 난 갈루아가 칠판 지우개를 던져서 떨어졌다는 설도 있어.

아버지 니콜라 가브리엘 갈루아

그 후 과학 아카데미에서 주최한 논문 대회(수학 대상)에 코시가 잃어버린 논문을 다시 보냈어. 이번에는 푸리에가

받았는데, 집으로 가져간 후에 사망하는 바람에 그 논문도 사라졌어. 그리고 그 해의 대상은 아벨(이미 사망)과 야코비에게 수여됐어.

혁명 운동에 몰입한 갈루아

모든 게 다 싫어진 갈루아는 학교(루이 르 그랑)를 관두고 에콜 노르말 쉬페리에르에 입학했어. 학비를 내지 않는 대신, 10년 동안 교사로 일한다는 계약서가 남아 있어.

1830년 7월, 파리가 소란스러워졌어. 왕정복고(1815년)로 부활한 부르봉 왕조를 타도하기 위해 많은 시민들이 일어선 거지. 갈루아의 학교는 학생이 폭동에 참가하는 것을 막으려고 문을 닫았고, 갈루아는 학교의 대응을 비판했다는 이유로 즉시 퇴학 처분을 받았어.

1831년 1월, 파리 과학 아카데미의 포아송(통계학자)이 갈루아에게 푸리에의 죽음으로 사라진 논문을 다시 투고하라고 의뢰했어(갈루아 스스로 보냈다는 설도 있다). 마음을 다시 먹은 갈루아는 논문을 보냈는데, 안타깝게도 포아송은 갈루아가 쓴 논문의 의미와 중요성을 이해하지 못했어. 갈루아는 또 한 번 낙담했어.

갈루아의 계약서

갈루아 ● Galois

1830년, 7월 혁명 당시 파리 시청사 투쟁

갈루아, 결투에서 죽음을 맞이하다

논문은 결국 제대로 평가받지 못하고 학교에서는 퇴학을 당한 갈루아는 공화주의자가 조직한 국민군 포병대에 들어갔어. 거기서도 문제를 일으켜 일단 무죄 선고를 받았지만, 실탄이 든 권총을 갖고 있었다는 이유로 다시 유죄 판결을 받았어 (수감 6개월).

1832년에는 파리에 콜레라가 번진 탓에 갈루아는 감옥에서 보호 시설로 보내졌고, 거기에 살면서 일하던 의사의 딸 스테파니를 사랑하게 돼. 그리고 스테파니의 연인이라는 사내에게 결투 신청을 받아. 1832년 5월 29일 결투 전날 밤에, 한숨도 자지 못하고 '시간이 없다, 시간이 없어'라고 중얼거리면서 갈루아는 자신이 도출한 정리를 휘갈겨 썼고, 그걸 친구인 슈발리에에게 보냈어. 이튿날인 5월 30일 아침에 갈루아는 총에 맞아 그대로 방치되었고, 31일에 동생 알프레드가 보는 앞에서 눈을 감았어. 당시 나이는 20세였어. 갈루아의 장례

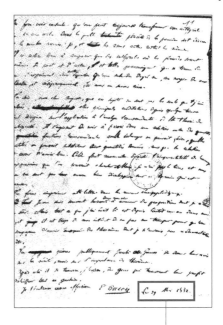

죽기 전날에 쓴 갈루아의 편지
(1832년 5월 29일이라고 명시되어 있다)

식엔 2000여 명의 인파가 몰려들었고, 이때 경찰과 갈루아의 동료들 사이에 일대 난투극이 벌어졌다는 이야기가 전해지고 있어.

갈루아가 개척한 '군'(Group)

갈루아가 아카데미에 보낸 논문(잃어버리기도 하고 평가받지 못했던 논문)이나 결투 전날 밤에 급하게 써서 슈발리에에게 건넨 원고는 '오차(5차) 이상의 방정식에는 근의 공식이 대수적으로 존재하지 않는다'(사칙연산과 루트만으로 풀수 없다)는 내용이었어. 아벨 이상으로 세련된 형태로 나타냈는데, 갈루아는 그걸 증명하는 과정에서 '군'이나 '갈루아 이론'이라 불리는 수학의 새로운 개념을 만들어 냈어.

프랑스 혁명이 낳은 4개의 그랑제콜

태양왕이라 불린 루이 14세(1638~1715년) 때부터 프랑스 혁명(1789~1830년경)에 걸쳐 프랑스에는 많은 전문 기술자가 필요했고, 이공계 기술자를 양성하는 학교로 '그랑제콜'(Grandes Ecoles)이 만들어졌어. 그랑제콜이란 Grandes Ecoles(프랑스어)＝Great Schools, 그러니까 '위대한 학교'라는 뜻인데, 기술관료(테크노크라트), 이공계 엘리트 및 정계의 엘리트 양성 학교라고 볼 수 있어. 프랑스만의 독특한 교육 체계를 갖고 있어 프랑스 혹은 유럽 이외의 나라 사람들에게는 그 형태나 영향력이 별로 알려져 있지 않아. 그랑제콜 외에는 입학시험이 없는 유니베르시테(일반 대학: 파리 대학 등)가 있어.

❶ 에콜 폴리테크니크(École Polytechnique, 보통 X[익스]라고 부른다)

1794년 프랑스 혁명 때 설립된 곳이 에콜 폴리테크니크야. 원래 기술관료 양성 기관이었는데, 1804년에 나폴레옹이 기술 장교가 부족하다는 이유로 군학교로 바꿨지. 갈루아가 두 번이나 시험에 떨어진 학교이기도 해. 초대 학장은 수학자 라그랑주였어.

현재는 라플라스 국방부 소속이야. 기술계 고관, 군대 장교는 대부분 에콜 폴리테크니크에서 맡아 왔어. 그뿐만 아니라 3명의 프랑스 대통령, 3명의 노벨상 수상자, 한 명의 필즈 상 수상자를 배출했어.

파리를 행진하는 에콜 폴리테크니크의 학생들(출처: Collections Ecole Polytechnique)

자연과학보다는 공학을 훨씬 많이 다루기 때문에 공대라고 보는 게 더 정확해. 프랑스인을 비롯한 EU 시민인 경우 150만 원 정도의 월급이 나와. 단 졸업 이후 10년 동안 프랑스 공공기관에서 근무한다는 계약을 맺어야 해. EU 시민이 아니면 3년간 약 3600만 원의 등록금을 내야 하지.

❷ 파리 고등사범학교(École normale supérieure, ENS)

1794년 10월 3일, 교원 양성을 목적으로 국민공회에서 설립한 곳이 파리 고등사범학교야. 이듬해인 1795년 5월에 한 번 폐교되었는데, 1808년 3월에 나폴레옹이 다시 설립했어. 한 학년이 300명 정도 되는 소규모 학교지만, 지금까지 노벨상 수상자 14명, 수학 필즈 상 수상자 14명을 배출했어.

❸ 국립 공예원(Conservatorie national des Arts et Métiers, CNAM)

프랑스 혁명이 한창이던 1794년 10월, 과학과 산업 진흥을 목적으로 세워진 그랑제콜이 국립공예원인데, 프랑스 혁명 때 설립된 세 학교 중 하나야. 처음에는 공예에 관한 '기술, 설계도, 문서' 등을 보존할 목적이었는데, 경력을 쌓거나 기술 자격 취득을 하는 곳으로 바뀌었어. 시대에 따라 왕립공예원, 제국공예원 등으로 명칭이 바뀌었지. 현재 총 학생 수 8만 명 가운데 70퍼센트가 사회인이라는 사실도 다른 그랑제콜과 다른 점이야.

❹ 프랑스 국립행정학교(École Nationale d'Administration, ENA)

프랑스 국립행정학교는 일반대학이나 그랑제콜을 졸업한 학생들이 엄격한 선발 절차를 거쳐서 진학하는 곳이야. 말 그대로 엘리트 중의 엘리트 양성 학교라고 할 수 있지. 이 학교에는 파리 정치대학원(시앙스포, 그랑제콜 중 하나)의 졸업생들이 많이 진학해.

졸업생은 프랑스의 엘리트 관료, 정계의 중요한 자리를 차지하기 때문에 '에나 제국'(에나르크, Enarchie)이라 불려. 경제력 있는 부모들이 자녀들을 많이 입학시킨다는

ENA 캠퍼스(출처: Remi.leblond)

이유로 격차 시정을 촉구하는 '노란 조끼 시위'(2018년 11월부터 정부에 항의하기 위해 열린 운동)에 대한 대응으로 마크롱 대통령은 2019년 4월에 ENA를 폐지할 방침을 표명했어. 마크롱도 ENA 출신이야. 프랑스 국립행정학교는 2022년 1월 1일부로 폐교되고, 모든 기능이 공공서비스연구소로 이관되었어.

주목해야 할
또 다른 수학 천재들

사랑받아 마땅한 '괴짜' 수학 천재들

'수학자들은 괴짜들이다'라는 말들을 많이 해. 실제로 아르키메데스처럼 거리를 알몸으로 뛰어다닌 전설의 수학자도 있고, 카르다노처럼 점성술에 빠져 자신이 죽는 날을 예언한 수학자도 있어. 뉴턴은 주식을 하다가 현재 가치로 약 40억 원을 잃기도 했어. 러시아의 페렐만(이 책에서는 다루지 않음)이라는 수학자는 푸앵카레의 추측을 푼 후에 논문을 온라인에 공개하고 필즈 상 상금도 전부 거부한 채 러시아의 어느 숲으로 사라졌지.

괴짜 수학자

마지막 장에서는 좀 더 특별한 삶을 살았던 수학자들을 다루려고 해. 괴짜들이지. '사랑받아 마땅한 괴짜들'인데, 수학자로서 유능했지만 개성이 강해서 조금 특이한 인생을 보낸 사람들이야.

간호사로서 크림 전쟁에 파견된 나이팅게일. 그녀는 유능한 통계학자였어. 야전 병원에서 간호를 하며 알게 된 것은 싸워서 죽는 사람보다 위생 문제로 감염증에 걸려 사망하는 병사가 훨씬 더 많다는 사실이이었어. 그런 상황을 알리려고 데이터에 약한 의원들을 움직이기 위해 '무언가'를 작성해서 설득했대.

도지슨이 누구야?

『이상한 나라의 앨리스』의 작가가 누구냐고 묻는다면, 아마 '루이스 캐럴'이라고 답할 거야. 그런데 '도지슨을 아는가?'라고 묻는다면, 백이면 백 'No'라고 대답하겠지. 루이스 캐럴은 필명이고 사실 그는 옥스퍼드 대학에서 가르치는 수학자였어. 그 당시 빅토리아 여왕도 『이상한 나라의 앨리스』 애독자였는데, '당신이 쓴 다른 책도 읽고 싶다'라는 요청을 했고 캐럴(도지슨)은 어려운 수학서를 보냈다고 해. 제목은 『연립선형방정식과 대수

나이팅게일

라마누잔

루이스 캐럴

튜링

적 기하학에 적용된 행렬식에 관한 입문서』.

IT 창업자 대부분이 영국의 수학자 튜링을 존경했다는 이야기가 있어. 튜링은 독일의 암호 '에니그마'를 해독하고 인공지능 판정 기준인 '튜링 테스트' 등을 고안한 것으로 유명한데, 그가 마지막에 스스로 목숨을 끊었을 때 먹은 것은 무엇이었을까?

정리는 잘 때 여신이 가르쳐 준다?

제대로 된 수학 교육을 받은 적이 없는 인도의 라마누잔은 증명이라는 방법을 몰랐지만, 수많은 정리를 만들어 냈어. 라마누잔은, "잠을 자고 있을 때 라마기리 여신이 정리를 가르쳐 준다"고 했대. 영국의 수학자 하디는 라마누잔의 정리를 증명하기 위해 그를 돕기로 하는데….

먼 옛날 사람 탈레스도 요즘 사람에 가까운 라마누잔도 얼핏 서툴러 보이면서도 진지하게 문제에 임하려는 자세가 왠지 매력적으로 느껴지는 것 같아.

Nightingale

'바뀌지 않는
사회'를 바꾼
강한 의지

나이팅게일

백의의 천사는 통계학자였다!

● 1820~1910년

● **플로렌스 나이팅게일**

영국의 간호사, 통계학자, 간호 교육자. 크림의 천사, 백의의 천사, 등불 든 여인 등으로 불린다. 당시의 간호사는 '병자를 돌보는 하녀' 정도의 낮은 평가를 받았는데, 간호학교를 설립하는 등 전문 간호의 주춧돌을 쌓고 간호사의 지위를 높였다.

또한 나이팅게일은 통계학자의 면모도 있어서 데이터를 분석하고 독특한 그래프를 작성하여 의원들에게 프레젠테이션을 했다.

나이팅게일의 성장

나이팅게일의 부모는 영국의 부유한 지주였고, 유럽 대륙으로 신혼여행을 떠난 2년 동안 이탈리아(토스카나 대공국)의 피렌체(영어로는 플로렌스)에서 태어났기에 플로렌스 나이팅게일이라는 이름이 붙었어. 부모의 교육열이 높아 어릴 때부터 언니와 함께 프랑스어, 이탈리아어, 그리스어 등 외국어를 배웠고, 공용어인 라틴어도 배웠지. 수학, 천문학부터 경제학, 미술, 음악, 문학까지 다양하게 공부했어.

통계학과 봉사활동에 심취하다

나이팅게일은 수학에 관심이 많았어. 그중에서도 '통계학의 아버지'라 불린 아돌프 케틀레(벨기에: 1796~1874년)에 푹 빠진 나이팅게일은 부모에게 간곡히 부탁해 수학과 통계학 가정교사에게 배울 수 있었어. 이렇게 나이팅게일이 '통계학자'로 가는 길이 열린 거야.

또 하나, 나이팅게일은 자선 활동을 통해 가난한 사람들의 생활을 알게 되면서 봉사활동에 뜻을 두게 되었고, 각국의 의료 시설 실태에도 관심을 나타냈어. 이것이 '백의의 천사'의 시작점이었지.

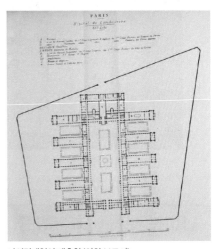

나이팅게일이 제출한 '의회 보고서'

아버지는 이해했지만 어머니와 언니와는 갈등이

나이팅게일은 간호사로서 일하고 싶어 런던의 병원에서 근무하게 되었지만 무급이었어. 그래서 나이팅게일을 이해해 준 아버지에게 몰래 생활비를 받았지. 하지만 어머니와 언니는 간호사 일을 하지 말라고 강하게 말렸어. 왜냐하면 당시에 '간호사는 병자를 돌보는 하녀'라고 생각하는 풍조가 짙었기 때문이야. 그러나 병원장이 된 나이팅게일은 전문적인 의료 지식을 갖춘 간호사들을 육성하게 되었고, 나중에 어머니, 언니와도 화해했어.

크림 전쟁이 터지다

나이팅게일이 33세 때 러시아 대 오스만 제국이 크림 전쟁(1853~1856년)을 일으켰어. 나폴레옹 전쟁 이후 유럽 국가들끼리 처음 벌인 전쟁으로 이 전쟁에서 패한 후 러시아는 본격적으로 근대화를 추진하게 돼.

처음에 영국과 프랑스는 오스만 제국을 지원하긴 했지만, 러시아와의 군사 충돌에 관여할 마음은 없었어.

나이팅게일 ● Nightingale

그런데 러시아가 튀르키예의 시노프 항구를 일방적으로 공격하고 유럽에 '시노프의 학살'이 알려지면서 영국과 프랑스는 대 러시아 전쟁에 나서게 돼.

시노프 해전이 크림 전쟁의 발단

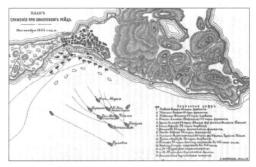

시노프 해전의 계획도

나이팅게일을 파견하다!

나이팅게일이 간호사단의 리더로서 야전 병원에서 밤에도 환자를 돌봤다고 해서 '램프의 귀부인' '백의의 천사'라고 불린다는 사실은 잘 알려져 있어.

여기서 그녀는 야전 병원의 비위생적인 상황과 맞닥뜨리게 돼. 실제로 영국군 장병이 전장에서 총탄에 맞아 사망하는 경우보다 비위생적인 야전 병원에서 감염증으로 사망하는 경우가 훨씬 더 많다는 사실을 알게 됐어. 나이팅게일은 병원의 위생 상태를 개선함으로써 부상병의 사망률을 확 낮출 수 있었어. 나이팅게일은 관료주의에 물든 군의 관리들을 설득했고, 병원에서 쓰는 물건들을 세심하게 조사했으며, 무질서한 병원에 규율을 세웠어. 그 덕분에 환자의 사망률은 42퍼센트에서 2퍼센트로 뚝 떨어졌다고 해.

병원에서 환자를 돌보는 나이팅게일
(출처: J. 버터워스 1855년)

나이팅게일이 사용한 야전 구급차

통계학자 나이팅게일

나이팅게일의 통계학자다운 면모는 크림 전쟁에서의 경험을 '숫자'로 파악하고 분석한 부분에서 선명하게 드러났어. 그리고 병원이나 집에서 위생 상태를 깨끗하게 유지하기 위한 구체적인 방법을 교육하고 보급하는 데 힘썼어. 영국으로 돌아간 후에 나이팅게일은 크림 전쟁에서 사망한 군인들의 사인 분석을 보고서로 정리했는데, 숫자에 익숙하지 않은 의원들에게 설명하는 자료로는 충분하지 않았어. 그래서 나중에 '닭 볏' 혹은 '박쥐의 날개'라 불리는 그래프를 생각해 냈어. 오늘날에는 거미줄 차트(radar chart)라고 불러. 당시로서는 아주 앞선 방법을 써서 프레젠테이션을 진행해 숫자를 시각화하는 데 성공했어. 그 후 국제 통계회의(1860년)에도 출석해서 그때까지 제각각이었던 나라별 통계 조사 형식과 집계 방법 등을 통일하도록 제안하고 채택을 받았어.

그녀는 평생 가난한 사람들과 아픈 사람들의 삶을 돕고 의원들을 설득하기 위해 '통계학'을 도구로 사용했어. 어린 시절의 꿈과 생각을 실현한 일생이었다고 할 수 있지.

나
이
팅
게
일
● Nightingale

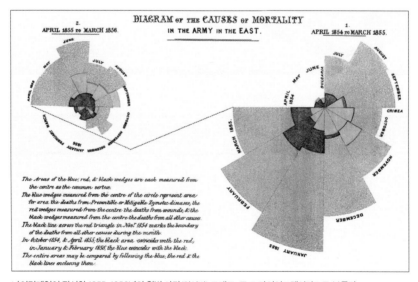

나이팅게일이 작성한 1855~1856년의 월별 사망(원인별) 그래프. 로즈 다이어그램이라고도 부른다.

Quetelet

케틀레

체질량 지수를
퍼뜨린 남자

정규분포로 데이터의 거짓을 간파하다

● 1796~1874년

● **랑베르 아돌프 자크 케틀레**

벨기에의 통계학자이자 천문학자. 사회학에 통계학을 접목시켜 '근대 통계학의 아버지'라고도 불린다. 케틀레는 '평균인'의 개념과 지금까지도 적정 체중 판단에 사용되는 'BMI 지수'(체질량 지수)를 생각해 냈다. 또한 1850년경에는 벨기에 정부를 상대로 국세 조사를 지도하기도 했다. 나이팅게일이 통계에 뜻을 뒀던 이유는 케틀러의 영향을 받은 것이라는 사실도 널리 알려져 있다.

케틀레의 인맥

케틀레는 1820년, 24세에 아카데미 회원으로 추천을 받았어. 1823년에는 벨기에 정부에 천문대 건설을 건의했고, 그 준비를 위해 파리로 파견을 나갔어. 거기서 알게 된 사람이 라플라스, 푸리에 등이었는데, 그들을 통해 확률론을 접했지. 1829년에 독일을 방문했을 때는 괴테와 알게 됐는데, 이 만남이 케틀레에게 큰 영향을 줬어.

라플라스　　　케틀레　　　괴테

20대에 라플라스, 30대에 괴테와 알게 되면서
인생의 전환점을 맞는다.

'평균인'이 대체 뭐야?

케틀레의 가장 널리 알려진 성과는 '평균인'이야. '평균'의 개념을 인간에 적용시킨 것인데, 케틀레는 '평균인'이란 물체의 중심과 비슷한 것이라고 생각했어.

예를 들어 의사가 환자를 진료할 때, '평균인'과 비교했을 때 비로소 증상을 설명할 수 있다는 거지. 그러니까 평균인이란 '정상적인 상태에 있는 가상의 인물'이라고 생각했어. 괴테는 하나의 '원형'에서 모든 것은 변용(주제나 동기의 변형, 메타모르포제)한다고 생각했어. 식물은 잎의 모양에 원형이 있고, 뿌리는 땅속으로 뻗는 잎이며 열매도 씨앗도 잎이 변형된 것으로 여겼어.

괴테는 '원형'이라는 개념으로 생각했는데, 케틀레가 그것을 양적으로 계측하고 인간에 적용시킨 것이 '평균인'이야. 케틀레는 평균인이 정규 분포의 중심에 위치한다고 생각했어.

케
틀
레
● Quetelet

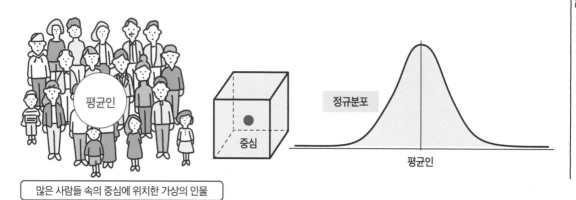

많은 사람들 속의 중심에 위치한 가상의 인물

평균인

중심

정규분포

평균인

정규분포로 '거짓'을 밝혀내다

케틀레는 프랑스군의 징병 검사 데이터로 키 그래프를 작성했는데, 157cm 부근에서 이상한 꺾임 현상을 발견했어(다음 페이지 그래프). 그 당시 프랑스에서는 키가 157cm 이상인 사람을 징병했기 때문에 케틀레는 '군대에 가기 싫은 젊은이가 허위로 신고했다'라고 판단했어. 물론 누가 거짓말을 했는지 하나하나 잡아낼 수는 없지만, 부자연스러운 정규분포의 모양으로 '다수의 허위 신고'를 간파한 거야.

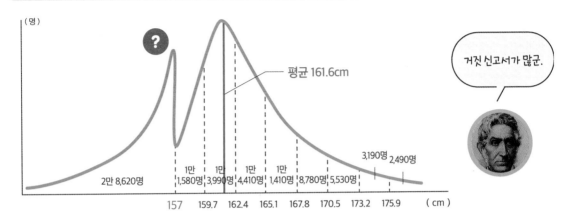

프랑스군의 징병 검사 기록에서 추정한 키의 분포

(명)

?

평균 161.6cm

2만 8,620명

1만 1,580명 | 1만 3,990명 | 1만 4,410명 | 1만 1,410명 | 8,780명 | 5,530명

3,190명 2,490명

157 159.7 162.4 165.1 167.8 170.5 173.2 175.9 (cm)

거짓 신고서가 많군.

BMI 지수를 생각한 케틀레

케틀레는 지금 우리에게도 영향을 주고 있어. 건강 검진을 할 때 대사증후군 판정에 BMI(Body Mass Index, 체질량) 지수가 사용되는데, 이것은 케틀레가 생각해 낸 거야. BMI가 22일 때 가장 건강한 상태이고 25 이상은 과체중, 30 이상은 비만으로 판단할 수 있어.

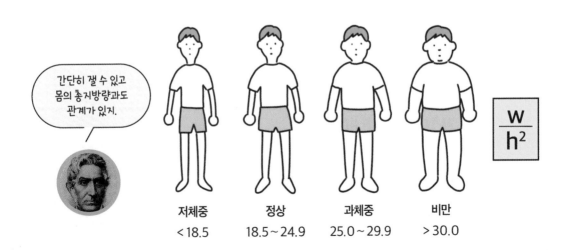

간단히 잴 수 있고 몸의 총지방량과도 관계가 있지.

$$\frac{w}{h^2}$$

저체중
< 18.5

정상
18.5~24.9

과체중
25.0~29.9

비만
> 30.0

Lewis Carroll

루이스 캐럴

최초의
부캐 인간

영국의 초통령

● 1832~1898년

● **찰스 루트위지 도지슨(루이스 캐럴)**

영국의 수학자, 논리학자…라고는 하지만 '도지슨'이라는 인물을 아는 사람은 적을 것이다. 하지만 『이상한 나라의 앨리스』의 저자 루이스 캐럴은 누구나 알고 있다.

당시에 유클리드의 『원론』 번역에 문제가 많았는데, 그에 대해 '정리의 순서를 바꾸면 안 된다'라고 하는 등 수학자로서 비판을 했다.

필명의 유래

찰스 루트위지(Charles Lutwidge)를 라틴어로 변환하고, 그걸 영어 이름으로 다시 돌린 다음 앞뒤를 바꿔서 만든 이름이 루이스 캐럴(Lewis Carroll)이야.

루이스 캐럴 탄생!

도지슨의 본명	Charles Lutwidge **Dodgson**
이름을 추출	Charles Lutwidge
라틴어로	Carolus Ludovicus
다시 영어로 돌리고 알파벳도 조금 변경	Carroll Lewis
앞뒤를 바꿔서	Lewis Carroll (루이스 캐럴)

『이상한 나라의 앨리스』의 일러스트

루이스 캐럴의 생애

루이스 캐럴의 아버지는 여러 교구를 관할하는 영국 성공회의 주교로 루이스 캐럴은 유복한 가정에서 자랐어. 아버지에게도 수학적 재능이 있었지만, 결혼을 하면서 성직자의 길을 가게 됐어. 루이스 캐럴은 옥스퍼드 대학에서도 명문 중의 명문, 크라이스트처치 칼리지에 진학해 가장 우수한 성적으로 졸업했어. 크라이스트처치의 식당은 영화 〈해리포터〉에서 전교생이 모여 식사하던 장소로 사용되었어.

수학 분야에서는 유클리드 기하학에 관한 책들과 『기호 논리학』『알파벳 암호법』을 썼어. 앨리스 2부작이 사실은 일종의 수학 논문이라는 주장도 있는데, 동화의 이름을 빌려서 본인의 수학적 관점을 표현했다는 거야. 앨리스 2부작 속에 공리, 추론 규칙, 수학적 정리 등에 대한 여러 관점이 드러나고 있는 것은 사실이야. 그의 수학적 업적 중 가장 유의미한 것은 논리학적인 메타 정리인데, 어떤 수학적 정리를 정리로서 도입하는 것과 확장된 추론 규칙으로 도입하는 것 사이에는 논리적 구조의 차이가 있다는 증명이 그에 의해 처음으로 이루어졌어.

이상한 나라의 창시자

루이스 캐럴은 1855년(또는 1856년)에 카메라를 구입했어. 그 당시 카메라는 대형 상자 타입이었는데, 촬영과 현상에 시간이 많이 들어서 하루에 몇 장밖에 찍지 못했어. 하지만 그는 개인 사진관까지 만들어서 평생 3000장의 사진을 찍었고, 작품들은 높은 평가를 받았어. 그 피사체의 중심이 된 사람이 기숙사 책임자의 딸 앨리스 리델이었어.

루이스 캐롤이 찍은 앨리스 리델. 크라이스트처치 기숙사 책임자의 딸로 캐럴은 앨리스와 친했다. 소풍을 가다가 즉흥으로 만든 이야기를 들려줬는데, 앨리스가 매우 좋아해서 『땅속 나라의 앨리스』(오른쪽)를 썼다. 그는 뛰어난 사진가 중 한 사람으로 평가받는다.

직접 손으로 쓴 『땅속 나라의 앨리스』 표지. 이 책은 앨리스 리델에게 보내는 크리스마스 선물이었다. 이것이 호평을 받고 출판이 결정되어 『땅속 나라의 앨리스』를 바탕으로 1865년 33세 때 『이상한 나라의 앨리스』를 펴냈다.

Ramanujan

라마누잔

정리의 신

독학으로 케임브리지를 뒤흔든 남자

● 1887~1920년

● 스리니바사 아이양가르 라마누잔

수론을 전공한 천재 수학자. 영국령 인도에서 태어났다(당시 인도는 영국령이었다). 직관력이 매우 뛰어났지만, 증명에 대한 교육을 받지 못해 스스로 증명할 수는 없었다고 한다.

그래서 라마누잔이 생각한 새로운 정리를 케임브리지의 하디가 증명하는 협력 연구 스타일을 생각해 냈는데, 오래가지는 못했다.

라마누잔의 인생

라마누잔은 영국령 인도의 마드라스 관할구 에로드에서 브라만 계급의 자식으로 태어났어. 카스트 제도에서 브라만은 최상 계급에 속하지만, 계급과 경제력은 상관이 없어서 집은 가난했어. 게다가 고등학교에서는 모든 과목에서 성적이 좋지 않았고 제대로 된 수학 교육을 받지 못했다고 해. 하지만 계산 능력과 암기력은 두드러질 정도로 뛰어났어.

어느 날 『순수 수학 요람』(조지 커 저)이라는 수험용 수학 공식집을 만나면서 수학에 눈을 뜨게 돼. 마드라스 대학에 장학생으로 입학했지만, 수학 말고는 공부를 하지 않아서 2년 동안 낙제를 하다가 중퇴를 하고 항만 사무소의 회계 담당 일을 하게 됐어.

그 후에는 수학을 독학해서 마드라스에서 유명한 수학자가 되지. 그때 영국의 저명한 교수들에게 자신의 성과를 편지로 써서 보냈는데, 전부 다 무시당했어(영어가 서툴렀기 때문에 친구가 대신 써 줬다고 한다). 1913년에 케임브리지 대학의 고드프리 해럴드 하디 교수에게도 직접 발견한 120개의 정리를 보냈어. 하디는 처음에 대수롭지 않게 여겼는데, 그중에 하디 자신이 발견한 미발표 성과가 들어 있다는 사실을 알고 라마누잔을 영국으로 불렀어. 이때부터 라마누잔과 하디의 상부상조 수학 여행이 시작됐어.

고드프리 해럴드 하디

상부상조 케임브리지 시절

라마누잔은 어마어마한 양의 정리를 만들어 냈는데, 모두 다 증명을 붙이지는 않았어. '증명을 한다'라는 수학적 습관을 배우지 못했거든. 그는 몇 가지 계산 결과에서 귀납적으로, 그리고 예리한 통찰력으로 이끌어 낸 '정리'를 하디에게 보여 줬어.

하디도 처음에는 라마누잔에게 증명을 시키려고 했는데, 라마누잔의 천부적인 자질을 망가뜨릴 수 있겠다는 생각이 들었지.

케임브리지 대학 트리니티 칼리지 시절의 라마누잔(중앙)

결국 라마누잔에게 정리를 만들게 하고, 그걸 하디와 친구인 리틀우드가 증명을 시도하는 방법을 쓰게 돼.

몸이 망가진 라마누잔

하지만 라마누잔과 하디의 상부상조는 오래가지 못했어. 라마누잔이 병에 걸렸거든. 그렇게 된 이유로는 인도에 비해 추운 영국의 날씨를 들 수 있고, 다른 이유로는 채식주의자였던 라마누잔에게 먹을 만한 음식이 적었다는 점을 들 수 있어. 그리고 라마누잔이 케임브리지에 온 건 1914년인데, 제1차 세계대전이 터지면서 영국 국민이 전쟁으로 고통스러워할 때 인도인이 대학에서 공부한다는 사실에 반발하는 사람도 많았다고 해.

라마누잔은 1년 반 동안 입원하고 1919년에 인도로 돌아가 이듬해인 1920년에 너무 이른 죽음을 맞이했어.

라마누잔의 택시 수

라마누잔이 병으로 입원했을 때 하디가 병문안을 왔어. 하디가 농담을 던졌어. "내가 타고 온 택시 번호는 1729라는 지루하기 짝이 없는 숫자였어." 그러자 라마누잔은 잠깐의 틈도 주지 않고 이렇게 대답했대.

"엄청난 숫자인데요. $1^3 + 12^3 = 1729$, 그리고 $9^3 + 10^3 = 1729$잖아요. 1729는 2개의 3제곱의 합으로 나타낼 수 있는 가장 작은 수예요."

1729는 나중에 택시 수, 또는 하디 라마누잔 수라고 불리게 됐어.

택시 수
(하디 라마누잔 수)

$$1^3 + 12^3 = 1729$$

$$9^3 + 10^3 = 1729$$

하디의 채점

하디는 당시에 수학자들의 순위를 매겼다고 해. 하디 자신은 25점, 친구인 리틀우드는 30점, 독일의 유명한 수학자 힐베르트는 80점, 그리고 라마누잔에게는 100점을 줬대.

Turing

튜링

IT 창업가에게 사랑받는 남자

제2차 세계대전을 조기에 끝낸 숨은 주역

● 1912~1954년

● **앨런 매시슨 튜링**

영국의 수학자, 컴퓨터 과학자, 암호 해독자. 에니그마 암호 해독, 튜링 테스트, 튜링 머신 등 현대 컴퓨터 분야에 많은 공헌을 했다.

15세에 학교에서 배우지 않은 미적분 문제를 풀고, 16세에 아인슈타인의 연구 내용을 이해했다. 튜링이 만든 암호 해독기의 이름은 봄베(Bombe)였는데 이것으로는 모든 경우의 수를 다 계산하기 어려웠다. 그런데 독일군이 대부분의 기밀문서에 첫 문장을 히틀러 만세(Heil Hitler)로 시작하여 해독의 실마리가 풀렸다.

$$R_{\mu\nu} - \frac{1}{2}Rg_{\mu\nu} + \Lambda g_{\mu\nu} = \kappa T_{\mu\nu} \qquad E = mc^2$$

저는 튜링이에요. 학교에서는 아직 미분이나 적분을 배우지 않았지만 아저씨가 쓴 걸 이해했어요.

내가 쓴 수준 높고 어려운 이야기를 너처럼 조그만 아이가 알 수 있을 리가. 믿을 수 없다.

188

에니그마 암호 해독 팀에 들어가다

제2차 세계대전 중에 튜링은 영국의 블레츨리 파크에 초빙되어 '절대로 풀리지 않는다'던 나치스의 에니그마 암호 해독 팀에 들어갔어. 실제로 에니그마 상태는 $6×26^6$(=1,853,494,656)개나 될 수 있었는데, 한 암호키를 1분 동안 푼다 해도 300조 년이나 걸려. 튜링은 그걸 해독하는 데 성공한 덕분에 나치스의 동선을 파악할 수 있었어. 제2차 세계대전을 종식하는 데 공헌한 셈이지. 에니그마에는 '수수께끼'나 '퍼즐'이라는 뜻이 있어.

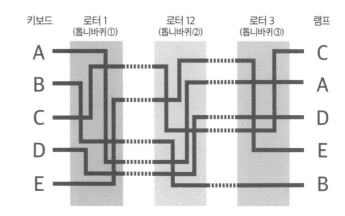

런던의 전쟁박물관에 있는 에니그마(왼쪽)와 복잡한 구조(오른쪽)

튜링 ● Turing

사라진 튜링의 공적

그러나 독일이 분명 세계대전을 다시 일으킬 거라고 생각했던 영국 정부는 에니그마 암호 해독에 성공한 사실을 연합국에게도 감췄어. 결과적으로 튜링 등 암호 해독반의 존재도 꽁꽁 숨기게 되는데, 에니그마 해독에 사용한 세계 최초의 컴퓨터도 완전히 파괴되고 전부 다 비공개가 되었어. 그래서 튜링 팀이 암호 해독을 한 덕분에 제2차 세계대전이 빨리 끝났다는 사실과 공적도 국민들에게 알려지지 않고 세계 최초의 컴퓨터 개발 칭호도 미국의 에니악에게 빼앗기게 되었어.

전쟁 중에 쓰던 컴퓨터 '봄베'

튜링의 업적 - 튜링 테스트

튜링 테스트는 기계가 인간과 얼마나 비슷하게 대화할 수 있는지를 기준으로 기계에 지능이 있는지를 판별하려는 시험으로, 앨런 튜링이 제안한 시험이야. 이미테이션 게임이라고도 부르지. 쉽게 말하면 인간과 기계가 마피아 게임을 하는 것과 같아. 질의자 한 명과 응답자 두 명이 있으면, 응답자 중 하나는 컴퓨터이고 나머지는 인간이야. 질의자는 응답자 중 어느 쪽이 컴퓨터인지는 몰라. 응답은 키보드로만 이루어지고 이 테스트에서 질의자가 어느 쪽이 컴퓨터인지 판별할 수 없다면 컴퓨터는 시험을 통과하는 거야. 즉, 컴퓨터가 인간처럼 대화를 할 수 있다면 그 컴퓨터는 인간처럼 사고할 수 있다고 본다는 거지. 튜링이 튜링 테스트를 제시한 이후에 튜링 테스트는 인공지능의 역사에 막대한 영향을 끼쳤고, 인공지능 이론에서 중요한 개념이 되었어.

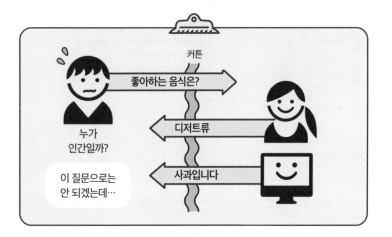

내가 처음에 고안한 방법이라서 '튜링 테스트'라고 하지.

튜링 대신

17세기에 발명된 계산 기계는 톱니바퀴로 움직이고 하나의 계산에 특화되어 있었는데, 현재의 컴퓨터는 소프트웨어만 바꾸면 어떤 계산이든 할 수 있고 그림도 그릴 수 있고 동영상을 편집할 수도 있어. 이 '당연한 일'을 처음 생각해 낸 사람이 튜링이야.

튜링은 인간이 계산하는 방법이나 절차대로 '방법이나 절차'를 쓰고(이를 알고리즘이라고 한다), 이를 기계가 읽어 들여 무엇이든 할 수 있는 '이론상 만능 컴퓨터'(가상 컴퓨터)를 제시했어. 현재 컴퓨터의 시초가 되었기 때문에 튜링은 컴퓨터의 아버지라고도 불려.

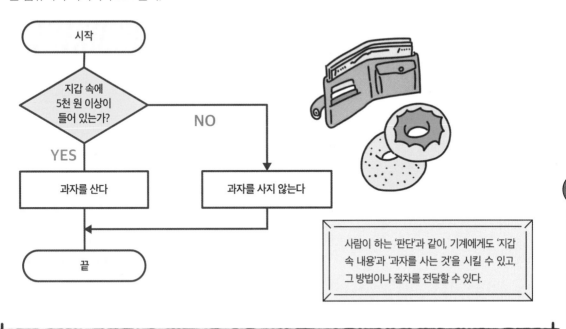

사람이 하는 '판단'과 같이, 기계에게도 '지갑 속 내용'과 '과자를 사는 것'을 시킬 수 있고, 그 방법이나 절차를 전달할 수 있다.

튜링 ● Turing

튜링과 독이 든 사과

튜링은 케임브리지 대학의 킹스 칼리지에서 절친으로 지낸 남성 크리스토퍼 모컴을 사랑했어. 하지만 얼마 지나지 않아 모컴은 세상을 떠났고, 그 후로 무신론자가 되었어. 전쟁이 끝나고 1952년에 집에 침입한 도둑을 경찰이 조사하던 중에 튜링이 동성애자라는 사실이 밝혀지고, 튜링은 유죄 판결을 받았어(당시에 동성애자는 법률상 유죄에 해당됐다). 튜링은 1954년에 청산가리 중독으로 사망했는데, 침대에 베어 문 사과가 떨어져 있었어. 애플 로고는 이 '베어 먹은 사과'를 참고로 했다는 추측이 끊이질 않아. 그리고 튜링을 다룬 영화 『이미테이션 게임』의 본편에는 사과가 나오지 않지만, 메이킹 필름에는 베어 문 사과가 등장해.

2009년에 영국 정부는 튜링에게 정식으로 사과하고, 2013년에는 엘리자베스 여왕에 의해 정식으로 사면되어 명예를 회복했어. 캐머런 수상도 "튜링은 에니그마 암호를 해독해서 많은 국민을 구했다"라고 표명했어. 여왕이 직접 사면을 한 경우는 전쟁이 끝난 후 튜링을 포함해 3명뿐이었어. 앨런 튜링은 2021년 영국 50파운드 지폐의 주인공이 되었어.

읽다 보면 수학이 재밌어지는
수학자 도감

초판 1쇄 펴냄 2023년 9월 20일
    2쇄 펴냄 2024년 8월 23일

지은이 혼마루 료
옮긴이 김소영

펴낸이 고영은 박미숙
펴낸곳 뜨인돌출판(주) | 출판등록 1994.10.11.(제406-251002011000185호)
주소 10881 경기도 파주시 회동길 337-9
홈페이지 www.ddstone.com | 블로그 blog.naver.com/ddstone1994
페이스북 www.facebook.com/ddstone1994 | 인스타그램 @ddstone_books
대표전화 02-337-5252 | 팩스 031-947-5868

ISBN 978-89-5807-973-6 03410